数学の研究をはじめよう（Ⅶ）

完全数研究の 最前線

飯高 茂 著

現代数学社

はじめに

『数学の研究をはじめよう』は本書で 7 巻目になる．「数学の研究をはじめよう」とのかけ声の下で始めた以上その稔りを，そろそろ示すことは必要であろう．そこで本書では「序章完全数研究の実況中継」において，これまでの研究の進展状況を失敗例を含めて読者各位にさらけ出し，数学研究の現場を見ていただくことにした．こんな風にしても数学の研究ができるんだと読者は考えてくれればよい．本書が読者の数学の研究に少しでも役にたつなら幸いである．

今どきの高校生に驚く

2013 年 3 月に大学を定年退職し，時間に余裕ができた．高校の先生に依頼され都内にある私立の高等学校に出かけて行き数学クラブの研究活動の実際を見学してみた．高校生は，各自が自分の興味に沿った研究テーマを持っている．そして，「完全数を研究してみたい」，「今はオイラー関数の研究をしている」などと言う．

これには驚いた．自分が高校生の頃はすこし背伸びをして大学の数学のテキストを読んだりしていたが，自分の研究テーマを持つことを考えもしなかったからである．

完全数は良く知られていて，研究対象としたい生徒さんが多いことは意外であった．今どきの高校生の活発な研究意欲を知って驚いたものである．後に今どきの小学生はもっとすごいことを知るようになる．

私立大学で教えているとき，卒業研究での研究テーマを選ぶさいに，自分で考えてみごらんと切り出すと，完全数を研究したいという学生がすこしいた．かって，作家の小川洋子さんが「博士の愛した数式」を出版しそこで完全数，友愛数，結婚数

などを紹介すると大きなブームが起き，完全数がよく知られるようになった．その頃，大学の広報の一環として行った模擬講義において完全数を取り上げたところ例年の3倍の参加者が集まり配布資料が足らなくなったことがある．

このように人気のある完全数を高校生と一緒に研究してみたくなった．そこで初心者の立場にもどって完全数を調べ，研究してみようと考えた．完全数は紀元前300年以上前から研究されている．古い文献を調べたりしたら時間がかかる．そこで先行研究は無視し自分で全部考えることにした．オリジナルな研究ができたと思っても，「そんなことはすでに知られている．結果は自明すぎて研究とは言えない」などと言われることもあるだろう．たとえそうなったとしても，気にしないことにした．

コロナ禍の中ではじめた zoom ゼミ

2020年はクルーズ船ダイアモンドプリンセス号中の新型コロナウイルス感染症のニュースで明けた．あれよあれよという間に感染がひろがり，コロナ禍がひどく，3月には学校の休校が相次いだ．

緊急事態宣言が発出され，カルチャーでの数学の講義は延期され，放送大学学習センターも閉鎖，都立図書館，市立図書館の閉館という事態になった．神田の書店（書泉）で行っていた「市民のための数学の講義」も継続が難しくなった．

そこで世の中の流れに合わせて Zoom によるオンラインのゼミを2020年5月から始めた．

熟年世代に加えて，小学生，中学生そして高校生の参加もあった．米国の大学院に入って博士号をとった人たちに依頼して「留学体験記」を語ってもらったところ若い参加者たちは非常に強い関心をもった．

小林雅人さんがゼータ関数の数論について連続講義したいとの申し出もあった．年齢も背景も数学の基礎力も様々で，数学が好きだという一点だけを共有する人々の集まりなのでゼータ

関数の講義の準備に役立つような入門講義が必要になった.

そこで, 小学6年の参加者:梶田光君に「ゼータ関数入門」の講義をしてもらうことにした. 本来なら, 内容について説明して依頼するところだが, 気楽に頼み取捨選択はすべて彼に任せた.

1週間で書いてきた予稿は申し分のない仕上がりで, またzoom での講義も手慣れたものであった. 小学生がとてもうまいzoom の講義をするのでオンラインゼミの参加者はみな感心した. 本書の読者にとっても有意義と思われるので彼がゼミのために書いた「ゼータ関数」を本書に載せることにした.

数学の好きな小学生

梶田光君は数学の好きな小学生で, 2018年の夏頃から, 私のしているいくつかの講義, 日本数学検定協会での講義, 書泉での講義, 多摩センターで開かれている毎日カルチャースクール (これは大学での数学のゼミに近い) によく参加してくれた.

カルチャースクールで彼と初めて出会ったときのことは忘れがたい.

数学が好きな小学生で複素解析を勉強している, ゼータ関数も知っている程度の予備知識しかなかったのだがスクールに来て私の姿をみつけるやいなや, 両手をあげて喜び, 満面の笑みをもって私を迎えてくれたのである.

書泉での講義の後の時間に「ぼくの大好きな数学」という題で2回にわたり好きな数学の話をしてもらった.

またゼータ関数を使って, 高橋洋翔君の研究しているスーパー双子素数が無限にあるという予想を証明したいという願いを述べた.

これをきいて今どきの小学生の志の高さに大いに感心した. このような背景があったのでゼータ関数入門の講義を依頼したのは自然なことであった.

双子素数の講義に出席

　双子素数の研究は最近大きく進展し，オーストラリア出身のタオ教授とイギリスのメイナード（James Maynard）という若い数学者が優れた研究を行っている．

　2018年の秋，メイナードさんは東大の公開研究会で双子素数について講義することが公表され『数学セミナー』誌に報じられた．

　それを知った当時小学4年生の梶田君は，是が非でもメイナードさんの東大での講義を聴きたいとの希望を伝えてきた．

　さてどうしようか，ここは思案のしどころだと思った．

　東大の講義室に突然，小学生が現れて，「メイナード先生の講義を聴きたい，講義室に入れて下さい．」と言ったとしよう．受付の人によっては，「小学生にはわからないよ」などと言って，門前払いするかもしれない．もしそうなったら，彼は深く傷つくことであろう．

　彼の熱心な態度を思うと，私が一緒に行き東大の関係者に，事情を説明し受けいれてもらうしかないと思った．当日は日曜で講義は10時からということなので，9時半に井の頭線の駒場東大前駅で会うことにした．

　その日，9時半頃，駅に着くと彼は来ていなかった．仕方なく，一人で会場に行き受付を通って講義室に入ると彼はすでに会場前方の席に座っていた．受付では他の受講希望者と同じように扱ってもらったそうだ．分厚い英文の資料をもらい，ワインパーティは不参加と申告した．

　二人で講義室に並んで座り講義を待つばかりになった．開始する直前に「メイナード先生に紹介するから握手してもらおうよ」と唐突に提案した．

　彼は「僕，怖いです」という．「心配ないよ」と言って励まし，メイナード先生に会い，彼の書いたゼータ関数についての手書きのペーパー1枚を手渡した．

　「10歳の少年が書いたものです，もらって下さい」というと，

興味深そうな顔をしながら受け取り，笑いながら握手してくれた．

それから1時間の講義が始まった．「双子素数はおそらく古代ギリシャの数学者は知っていたに違いない」などの一般にも分かる話から始めた．私はときどき眠気を感じた．彼は熱心に聴いていた．ここで，こっくりしたら小学生に笑われると心配になった．

講義の後，近所の食堂で一緒にランチを食べてから，「私は用があるのでこれで帰ります」と言ったところ「午後の講義を聴いてから帰ります」とのことであった．

その後の彼の活躍はすばらしい．手書き原稿を渡したことがきっかけとなったようで，それからすぐに TeX をマスターし自分で研究論文を何編も書くようになった．私との共著論文もいくつかできた．

ミニ完全数の発見

小学生に負けないぞ，と言わんばかりに zoom ゼミ参加者の大人たちも研究に努めた．ミニ完全数の問題は雑誌「現代数学」に載ったこともあって関心を集めた．

熟年世代に属する高島さんが鮮やかな結果を出した．

簡単に結果だけを紹介する．

自然数 a の約数の和を $\sigma(a)$ と書く．次に関数 $F(a) = \dfrac{\sigma(a)}{a}$ を定義する．

自然数 a, b について $F(a) = F(b)$ のとき $a \sim b$ と書き，これを関係とみなすとき同値関係になる．

$a \sim b$ のとき，a と b は数の種族が同じという．また a, b は σ 同値ともいう．

a と種族の同じ数が2個以上あるとき，a を副完全数という．6 と同じ種族の数はすべて完全数になるので，一般の場合を副

完全数というのである.

　種族に属する数が 2 つ以上の数からなる有限集合の場合，それをミニ完全数という．たとえば 12 と種族の同じ数は 234 だけらしい．しかし証明ができない.

　ゼミの参加者高島耕司さんはミニ完全数を発見し 2021 年 1 月 25 日，zoom のゼミで次の結果を発表した.

定理 1 $F(80) = F(200) = 93/40$ を満たす．80 と同じ種族の数は 200 以外にない.

　したがって，$\{80, 200\}$ はミニ完全数．これは今のところ唯 1 つのミニ完全数という希少価値があり，高島のミニ完全数と呼ぶことになった.

　第 2 のミニ完全数が本書の読者によって発見され証明されることを期待している.

目　　次

ゼータ関数

梶田　光

（広尾学園中学校）

1. ゼータ関数の定義

まず，形式的に次の級数

$$\zeta(s) := \sum_{n=1}^{\infty} \frac{1}{n^s}$$

を**ゼータ関数**と定義する．

この関数は $\Re s > 1$ の複素数でしか定義されていないが，解析接続により領域 $\mathbb{C}/\{1\}$ に定義域を拡張することができ，このとき $\zeta(s)$ は有理型関数となる．

また $s = 1$ のときは解析接続をしても $\zeta(s)$ は定義されない．

$\zeta(s)$ は次のように積分を用いて書くこともできる．

$$\zeta(s) = \frac{1}{\Gamma(s)} \int_0^{\infty} \frac{x^{s-1}}{e^x - 1} dx$$

ここで

$$\Gamma(s) = \int_0^{\infty} x^{s-1} e^{-x} dx$$

はガンマ関数である．

2. 特殊値

s に定数を代入した値（$\zeta(0)$ や $\zeta(2)$ など）を**特殊値**という．

次のような特殊値が知られている：

- $\zeta(-3) = \dfrac{1}{120}$

- $\zeta(-1) = -\dfrac{1}{12}$

- $\zeta(0) = -\dfrac{1}{2}$

- $\zeta(1) = \infty$

- $\zeta(2) = \dfrac{\pi^2}{6}$ [*1]

- $\zeta(3) \approx 1.20205690316\cdots$ [*2]

- $\zeta(4) = \dfrac{\pi^4}{90}$

- $\zeta(6) = \dfrac{\pi^6}{945}$

一般的に $n \geqq 1$ を自然数とするとき，

$$\zeta(2n) = (-1)^{n+1}\frac{B_{2n}(2\pi)^{2n}}{2(2n)!}$$

$$\zeta(-n) = -\frac{B_{n+1}}{n+1}$$

となることが知られている．

ただし B_n はベルヌーイ数で，次の関数のマクローリン展開の係数として定義される．

[*1] バーゼル問題．

[*2] この定数は**アペリーの定数**と呼ばれている．

$$\frac{x}{e^x-1}=\sum_{n=0}^{\infty}\frac{B_n}{n!}x^n$$

しかし $\zeta(2n+1)$ については性質がよくわかっていない.
とくに $\zeta(3)$ 以外は有理数かどうかも知られていない ($\zeta(3)$ は無理数であることが示されている).

3.　リーマン予想

　$\zeta(s)=0$ となるような複素数 s を**零点**という．$n\geqq 1$ を自然数とするとき，ベルヌーイ数の性質 ($n>1$, n : odd のとき $B_n=0$) から $\zeta(-2n)=0$ なので負の偶数は零点になる．この零点を特に**自明な零点**という．また他に $\frac{1}{2}+14.13472514\cdots i$ のような自明な零点でない零点も存在する．このような零点を**非自明な零点**という．一般的に非自明な零点は ρ で書くことが多い．

予想 (リーマン予想)

　任意の非自明な零点の実部は $\frac{1}{2}$ である.

またこの複素数平面上の直線 $\Re s=\frac{1}{2}$ を**クリティカルライン**という.

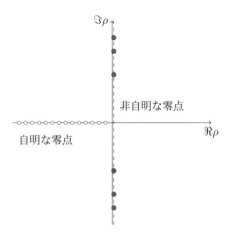

この反例は 2020 年 12 月現在見つかっていない.

わかっていることとして

- 非自明な零点の実部は $0 < \Re\rho < 1$ である. [*3]

- $\Re s = \dfrac{1}{2}$ 上に零点が無限に存在する.

- 少なくとも非自明な零点の 2/5 は $\Re s = \dfrac{1}{2}$ を満たす.

などがある.

また約数関数 $\sigma(n) < e^{\gamma} n \ln\ln n$ が $n > 5040$ のすべての n について成り立つこととリーマン予想が真であることは同値となる. ここで γ はオイラーの定数で,

$$\gamma := \lim_{n \to \infty}\left(\sum_{k=1}^{n} \frac{1}{k} - \ln n\right)$$

で定義される.

[*3] この範囲を**クリティカルストリップ**という.

4. 性質

4.1 関数等式

ゼータ関数は次の関数等式を満たす.

$$\zeta(s) = 2^s \pi^{s-1} \sin\left(\frac{\pi s}{2}\right) \Gamma(1-s) \zeta(1-s)$$

これによりリーマン予想の反例となるような ρ が存在したとすると,因数 $2^s \pi^{s-1} \sin\left(\frac{\pi s}{2}\right) \neq 0$ より少なくとももう1つ反例が存在する.また $\zeta(s) = \overline{\zeta(\overline{s})}$ ということを合わせるとリーマン予想の反例は存在するならば4つ以上反例がある.具体的には,ρ を非自明な零点とすると,$\overline{\rho}$, $1-\rho$, $\overline{1-\rho}$ も非自明な零点である.ρ がクリティカルライン上にあるときは ρ と $\overline{1-\rho}$, $1-\rho$ と $\overline{\rho}$ は一致する.

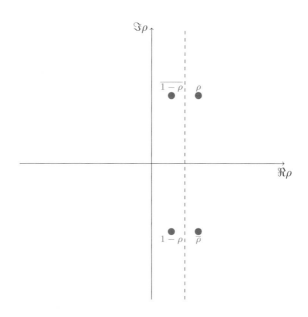

4.2　オイラー積表示

$\Re s > 1$ の場合はゼータ関数を積の形で表すこともできる.

$$\zeta(s) = \prod_{p:\text{Prime}} (1-p^{-s})^{-1}$$

これを**オイラー積表示**という. これによりゼータ関数と素数に関係があることが分かった.

■ *Proof*

まず $p = 2, 3$ のときを考える.

$p = 2$ のとき $(1-p^{-s})^{-1} = 1+2^{-s}+4^{-s}+8^{-s}+\cdots$

$p = 3$ のとき $(1-p^{-s}) = 1+3^{-s}+9^{-s}+27^{-s}+\cdots$

これを掛けると

$$(1+2^{-s}+4^{-s}+8^{-s}+\cdots)(1+3^{-s}+9^{-s}+27^{-s}+\cdots)$$
$$= 1+2^{-s}+3^{-s}+4^{-s}+6^{-s}+8^{-s}+9^{-s}+12^{-s}+\cdots$$

この和は 2 と 3 のみを素因数にもつすべての自然数をわたる. 同様に $p = 2, 3, 5$ について積をとると

$$1+2^{-s}+3^{-s}+4^{-s}+5^{-s}+6^{-s}+8^{-s}+9^{-s}+10^{-s}+12^{-s}+\cdots$$

となる. ここで $\zeta(s)$ は

$$\zeta(s) = 1+2^{-s}+3^{-s}+4^{-s}+5^{-s}+6^{-s}+7^{-s}+\cdots$$

なので p をすべての素数をとるものとすれば積 $\prod_{p:\text{Prime}} (1-p^{-s})^{-1}$ は $\zeta(s)$ に等しい.

4.3　数論的関数との関係

$n \in \mathbb{N}_{>0}$ において, メビウス関数 $\mu(n)$ を次のように定義する.

$$\mu(n) = \begin{cases} (-1)^{\omega(n)}, & n:\text{square}-\text{free} \\ 0 & \text{otherwise} \end{cases}$$

ただしここで $\omega(n)$ は n の相異なる素因数の個数を表す.

$s>1$ とすると

$$\frac{1}{\zeta(s)} = \sum_{n=1}^{\infty} \frac{\mu(n)}{n^s}$$

が成り立つ. また約数の和関数を $\sigma(n)$, オイラーのトーシェント関数を $\varphi(n)$ とするとき

$$\zeta(s)\zeta(s-1) = \sum_{n=1}^{\infty} \frac{\sigma(n)}{n^s}$$

$$\frac{\zeta(s-1)}{\zeta(s)} = \sum_{n=1}^{\infty} \frac{\varphi(n)}{n^s}$$

が成り立つ.

これから $\sigma(n), \varphi(n)$ の大まかな上界, 下界を求めることができる.

5. リーマンの素数公式

リーマンの素数公式は, 素数計数関数 $\pi(x)$ を厳密に求める公式である.

注意 1 リーマンが定義した素数計数関数は, 一般的な素数計数関数と少し異なる. まず一般的な素数計数関数は,

$$\pi(x) := \sum_{p \leq x,\, p:\text{Prime}} 1$$

と定義される.

つまり素数計数関数 $\pi(x)$ とは, x 以下の素数の個数を求める関数である.

ところがリーマンが定義した素数計数関数は,

$$\pi(x) := \sum_{p \leq x,\, p\,:\,\mathrm{Prime}}^{\prime} 1$$

となっている.

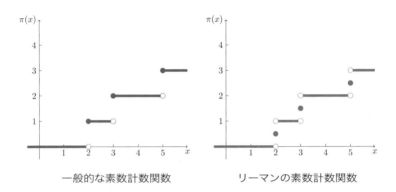

一般的な素数計数関数　　　　　リーマンの素数計数関数

図のような違いが生じる.つまり素数のときの値を左右両極限値の平均として定めるということである.

また $\mathrm{R}(x)$ を次のように定義する.

$$\mathrm{R}(x) := \sum_{n=1}^{\infty} \frac{\mu(n)}{n} \mathrm{li}(x^{\frac{1}{n}})$$

ここで,$\mathrm{li}(x)$ は対数積分,つまり

$$\mathrm{li}(x) = \int_0^x \frac{dt}{\ln t}$$

である.

定理1（リーマンの素数公式）

$$\pi(x) = \mathrm{R}(x) - \sum_{\rho} \mathrm{R}(x^{\rho}) - \frac{1}{\ln x} + \frac{1}{\pi} \arctan \frac{\pi}{\ln x}$$

ここで和 $\sum_{\rho}$ は ρ がゼータ関数の非自明な零点全体をわたる．また ρ は虚部の小さい順にとる．

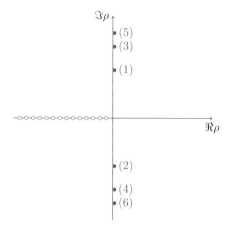

序章 完全数研究の実況中継

石鎚山にある試しの鎖

1. 完全数の起源

完全数の定義から始める.

6の約数は, 1, 2, 3, 6である. 6を除いた約数の和は 1+2+3＝6となり, 6が再現した. これは不思議だと昔の人は思ったらしい. このような数が他にもあるかが問題になり, 28 が発見され古代ギリシャではさらに探求が進み 496, 8128 が発見された.

自然数 a の約数（自分自身も入る）の総和を記号で $\sigma(a)$ と書く.

$\sigma(a)＝2a$ を満たす自然数 a を**完全数** (**perfect numbers**) という.

完全数の歴史で最初の著しい結果はオイラーによる次の結果であろう.

定理1（オイラー）

偶数完全数 a は素数 $q＝2^{e+1}-1$ を用いて $a＝2^e q$ と書ける.

このような素因数分解の形を持つ解を A 型解という

私は高校1年の頃, ラーデマッヘルとテプリッツ著, 山崎三郎訳『数と図形』[*1] を読んで完全数を知り, 偶数完全数を決定したオイラーの定理に感動した.

実はその証明は良く理解できなかったというのが正直なところである.

現代数学を一般の市民に紹介するために書かれた本なので数式をなるべく避けている. そのために却ってわかりにくくなっていた.

[*1] 私はこの本で現代数学の何たるかを少し知った. 数学者になったのはこの本のおかげである.

1.1 $\mathrm{co}\sigma(a)$ の導入

大学で数学教育の講義をしていたとき，完全数についてふれることにした．そして一般学生（数学者を目指さない学生）にオイラーの定理の分かりやすい証明を工夫する必要が生じた．

そこで約数関数 $\sigma(a)$ の余関数 $\mathrm{co}\sigma(a) = \sigma(a) - a$ を使ってみた．

定義 1 $\mathrm{co}\sigma(a) = \sigma(a) - a$ とおく．

$a = 1$ なら $\mathrm{co}\sigma(a) = 0$．逆も正しい．オイラーの証明のポイントは $\mathrm{co}\sigma(a) = 1$ が a : 素数の必要十分条件を与えることである．

1.2 試しの鎖

完全数研究の長い道のりを四国の最高峰である石鎚山の登頂になぞらえることにした．

オイラーの定理に分かりやすい証明を与えることを最初に遭遇する鎖場 : 試しの鎖，とみなすことにした．

やってみると意外にもうまくできた．読者におかれてはこの証明を試しの鎖，とみなして深く理解することに努めてほしい．

次にオイラーの定理の証明を与える．

■ *Proof*

a を偶数完全数とする．a は偶数なので $a = 2^e L$（L : 奇数）と書ける．

$N = 2^{e+1} - 1$ を用いると $\sigma(a) = \sigma(2^e)\sigma(L) = N\sigma(L)$; $2a = 2^{e+1}L = (N+1)L$ となる．

定義によると $\sigma(a) = 2a$ を満たすので，$N\sigma(L) = (N+1)L = L + NL$ を得る．

NL を左辺に移すと，$\mathrm{co}\sigma(L)=\sigma(L)-L$ を用いることにより

$$N\mathrm{co}\sigma(L)=L.$$

ⅰ． $\mathrm{co}\sigma(L)=1$ のとき，L は素数．$N\mathrm{co}\sigma(L)=N=L$ により $N=2^{e+1}-1=L$：素数．よって $L=2^{e+1}-1$ はメルセンヌ素数で $a=2^e L$.

ⅱ． $\mathrm{co}\sigma(L)>1$ のとき，$N\mathrm{co}\sigma(L)=L$ により，$1,\mathrm{co}\sigma(L),L$ はどれも L の約数でこれらは相異なる．よって，$\sigma(L)$ は L の全約数の和なので，

$$\sigma(L)\geqq 1+\mathrm{co}\sigma(L)+L$$

L を左辺に移すと，

$$\mathrm{co}\sigma(L)=\sigma(L)-L\geqq 1+\mathrm{co}\sigma(L)$$

よって，矛盾． □

1.3　完全数の平行移動

偶数完全数 a は素数 $q=2^{e+1}-1$ を用いて $a=2^e q$ と書けることが分かった．このような素数をメルセンヌ素数という．これを基にして完全数がいくつも発見され続け，2021 年現在 51 個の完全数が確認されている．

一方，奇数の完全数は依然として見つかっていない．しかし最近の研究で 10^{1500} 以下には存在しないことが証明された．

奇数の完全数は印刷すると地球を何周もするほど大きいせいかもしれないし，そもそも存在しないのかもしれない．あるいは存在しないのだが，非存在の証明を書きあげることは月に行くほど困難なことで現実的ではないのかもしれない．

このような夢想をやめて現実を直視し完全数の平行移動を考えてみよう．

整数 m に対して，$q = 2^{e+1}-1+m$ は素数と仮定する（この場合 m は偶数になる）．これを m だけ平行移動したメルセンヌ素数と呼ぶ．

さて $a = 2^e$ を用いると，$q = 2^{e+1}-1+m = \sigma(a)+m = 2a-1+m$ と書ける．

ところで $\alpha = aq$ は
$$\sigma(\alpha) = \sigma(a)(q+1) = (2^{e+1}-1)(q+1) = 2^{e+1}q-q+2^{e+1}-1 = 2\alpha-q+2^{e+1}-1$$
を満たす．

$q = 2^{e+1}-1+m$ を用いると，
$$\sigma(\alpha) = 2\alpha-q+2^{e+1}-1 = 2\alpha-m.$$

ここで，$a = 2^e$ を用いたことを忘れて，得られた式 $\sigma(\alpha) = 2\alpha-m$ にのみ注目し次の概念を導入する．

定義2 $\sigma(\alpha) = 2\alpha-m$ を満たすとき α を平行移動 m の完全数とよぶ．

このような考え方は古代ギリシャの頃からあった．

$\sigma(a) > 2a$ のとき，約数の方が多すぎて a は完全数にならない．この場合を過剰数，または豊富数という．

$\sigma(a) < 2a$ のとき，約数が少なすぎて完全数にならないので不足数という．

例えば $a = 8$ なら $\sigma(8) = 1+2+4+8 = 15 < 16 = 2*8$ なので不足数．

一般に $a = 2^e$ なら $\sigma(a) = \sigma(2^e) = 2^e*2-1 = 2a-1$ なので不足数だが，たった1少ないだけで残念だ．そこで $\sigma(a) = 2a-1$ を満たす数を概完全数（almost perfect number）という．

2べきは概完全数になるが，この他に概完全数があるかどうかはわかっていない．

　概完全数は 2 べきに限るというのは概完全数予想と呼ばれ現代数学でも解決できない難問として有名である.

　そこで $\sigma(a)-2a=-1,0$ に続いて $\sigma(a)-2a=1$ を満たす数 a を考えてみたい. これは過剰数であるが実際にはその例は知られていない. 多分, 存在しないと思われている.

　対象を広げて $\sigma(a)-2a=-4,-2,2,4$ などを満たす数 a についてパソコンで計算した結果は次の通り.

表 1：平行移動 m の完全数, $(m=-4)$ A045769

a	素因数分解
12	$2^2 * 3$
88	$2^3 * 11$
1888	$2^5 * 59$
32128	$2^7 * 251$
521728	$2^9 * 1019$
8378368	$2^{11} * 4091$
34359083008	$2^{17} * 262139$
549753192448	$2^{19} * 1048571$
70	$2 * 5 * 7$
4030	$2 * 5 * 13 * 31$
5830	$2 * 5 * 11 * 53$
1848964	$2^2 * 13 * 31^2 * 37$
66072609790	$2 * 5 * 11 * 127^2 * 167 * 223$

　記号 A045769 はこの数列に対して Sloan 博士が与えた記号である. 彼はオンライン整数列大辞典 -OEIS (On-line encyclopedia of integer sequences) をネット上に作り膨大な整数列の数表を展示している. 使い勝手がよく有用性が高い, 優れものである.

表2：平行移動 m の完全数，（$m = -2$）A045768

a	素因数分解
20	$2^2 * 5$
104	$2^3 * 13$
464	$2^4 * 29$
1952	$2^5 * 61$
130304	$2^8 * 509$
522752	$2^9 * 1021$
8382464	$2^{11} * 4093$
134193152	$2^{13} * 16381$
549754241024	$2^{19} * 1048573$
8796086730752	$2^{21} * 4194301$
140737463189504	$2^{23} * 16777213$
650	$2 * 5^2 * 13$

表3：古典的完全数（$m = 0$）

a	素因数分解	
6	$2 * 3$	ユークリッド，BC 300
28	$2^2 * 7$	ユークリッド，BC 300
496	$2^4 * 31$	ユークリッド，BC 300
8128	$2^6 * 127$	ユークリッド，BC 300
33550336	$2^{12} * 8191$	1456
8589869056	$2^{16} * 131071$	Cataldi, 1588
137438691328	$2^{18} * 524287$	Cataldi, 1588
2305843008139952128	$2^{30} * 2147483647$	Euler, 1772
X	Y	Pervushin, 1883
Z	W	Powrs, 1911

$X = 2658455991569831744654692615953842176$

$Y = 2^{60} * 2305843009213693951$

$Z = 191561942608236107294793378084303638130997321548169216$

$W = 2^{88} * 618970019642690137449562111$

表 4：平行移動 m の完全数，$(m=2)$ A191363

a	素因数分解
3	3
10	$2 * 5$
136	$2^3 * 17$
32896	$2^7 * 257$
2147516416	$2^{15} * 65537$

　ここで得られた解は $2^e Q$ となり，素数 $Q = 2^{e+1}-1+2$ はフェルマー素数とよばれている．実際には 2021 年になっても 5 個しか知られていない．私は 6 個目もあると思っている．

1.4　A 型解

　これらの表から見えるように，m が偶数の場合，平行移動 m の完全数は数が多い．

　とくに $2^e q$（q：奇素数）と素因数分解がなる例が多い．それゆえ，このような素因数分解を持つ解を A 型解という．

補題 1　平行移動 m の完全数 a が A 型とする．すなわち定義から，$\sigma(a) = 2a-m$，かつ奇素数 q があり指数 $e>0$ によって $a = 2^e q$ と書けたとすると $q = N+m = 2^{e+1}-1+m$ は素数．

■ *Proof*

　$N = 2^{e+1}-1$ とおくとき，$\sigma(a) = \sigma(2^e)\sigma(q) = N(q+1)$.

　一方，$2a = 2 * 2^e q = (N+1)q$ により，$N(q+1) = (N+1)q-m$. よって，$q = N+m = 2^{e+1}-1+m$ が素数．　□

　素数 q は平行移動 m のメルセンヌ素数であるという．

　A 型解があるとき，平行移動の定義式が再現する．これを先祖返りという．この後でも多くの完全数を導入するが，いつ先祖返りが起こりうるか，これが興味の中心の 1 つである．

1.5 C型解

素数 p に対して，$a = p^e$ とおくと $\sigma(a) = \dfrac{p^{e+1}-1}{p-1}$ を満たす．

$\bar{p} = p-1$ とおくとき等比級数の和の公式により $\bar{p}\,\sigma(a) = ap-1$ を満たす．

そこで $\bar{p}\,\sigma(a) = pa-1$ を未知数 a の方程式とみるとこの解に $a = p^e$ がある．このように素数のべきがみな解になるとき，C型解という．

$p = 2$ のとき，方程式は $\sigma(a) = 2a-1$ となる．この解を概完全数という．2べきは概完全数である．

概完全数は2べきに限るという予想を概完全数予想という．

$p = 5$ のとき，解は 5^e の他に 77 がある．

実際，$a = 77$ とすると，$\sigma(a) = 8*12 = 96$．$\bar{p}\,\sigma(a) = 4*96 = 384$．

一方，$pa-1 = 5*77-1 = 384$．

$p = 5$ のとき，解は 5^e，77 の他にあるのだろうか．これも未解決と思われる．

1.6 D型解のアルゴリズム

$a = 18632 = 2^3 * 17 * 137$ のように $2^e qr$，$(q, r：異なる奇素数)$ と書けることがある．このように書ける解をD型という．

a をD型解とすると，奇素数 $q, r\,(q < r)$ があり指数 $e > 0$ によって $a = 2^e qr$ と書ける．

$\Delta = q+r$，$B = qr$，$N = 2^{e+1}-1$ とおく．

$a = 2^e qr$ について $\sigma(a) = N(q+1)(r+1) = N(B+\Delta+1)$，
$2a = (N+1)B$，定義式によると $\sigma(a) = 2a-m = (N+1)B-m$．

$N(B+\Delta+1) = NB+N\Delta+N = NB+B-m$ により，$N\Delta+N = B-m$．

$q_0 = q-N$，$r_0 = r-N$，$B_0 = q_0 r_0$ を用いて，$B_0 = q_0 r_0 = (q-N)(r-N) = B-N\Delta+N^2$．

$N\varDelta+N=B-m$ により，$B_0=B-N\varDelta+N^2=N+m+N^2$.
与えられた，e,m に対して，$N=2^{e+1}-1$ とおき $\varTheta=N+m+N^2$
を定める．

$B_0=q_0r_0=\varTheta$ と 2 因子分解したとき，$q=q_0+N$, $r=r_0+N$
がともに素数の場合は，$a=2^eqr$ が D 型解となる．

次に $m=4$ のときの計算例をあげる．

$e=1$, $N=3$, $\varTheta=16$, $p_0q_0=2*8$, $p*q=5*11$ のとき
$a=2*5*11$

$e=2$, $N=7$, $\varTheta=60$, $p_0q_0=6*10$, $p*q=13*17$ のとき
$a=2^2*13*17$

$e=3$, $N=15$, $\varTheta=244$, $p_0q_0=2*122$, $p*q=17*137$ のとき
$a=2^3*17*137$

$e=4$, $N=31$, $\varTheta=996$, $p_0q_0=6*166$, $p*q=37*197$ のとき
$a=2^4*37*197$

さらに解 $a=15370304=2^6*137*1753$, $a=73995392=2^7*293*1973$ もある．

表 5：平行移動 m の完全数，　$m=4$, Ａ125246

a	素因数分解
5	5
14	$2*7$
44	2^2*11
152	2^3*19
2144	2^5*67
8384	2^6*131
8394752	$2^{11}*4099$
536920064	$2^{14}*32771$
110	$2*5*11$
884	$2^2*13*17$
18632	$2^3*17*137$
116624	$2^4*37*197$
15370304	$2^6*137*1753$

　第 1 ブロックには A 型解, 第 2 ブロックには D 型解が分かれていて綺麗であるが, これ以外の解はないとも思えない.

　$m = -2$ のときの $a = 650 = 2 * 5^2 * 13$ のように一括してまとめるのが困難な場合はとりあえず F 型としておく. 言うなれば落第点の F で点をつけにくい場合だ.

　平行移動 m の完全数を A 型, C 型, D 型などと分類することによって目印とした.

1.7　$m = -12$ の場合

　$m = -12$, -56 の場合は解が多い.

表 6 : 平行移動 m の完全数, 　$m = -12$, A076496

a	素因数分解	a	素因数分解
24	$2^3 * 3$	426	$2 * 3 * 71$
30	$2 * 3 * 5$	438	$2 * 3 * 73$
42	$2 * 3 * 7$	474	$2 * 3 * 79$
54	$2 * 3^3$	498	$2 * 3 * 83$
66	$2 * 3 * 11$	534	$2 * 3 * 89$
78	$2 * 3 * 13$	582	$2 * 3 * 97$
102	$2 * 3 * 17$	606	$2 * 3 * 101$
114	$2 * 3 * 19$	618	$2 * 3 * 103$
138	$2 * 3 * 23$	642	$2 * 3 * 107$
174	$2 * 3 * 29$	654	$2 * 3 * 109$
186	$2 * 3 * 31$	678	$2 * 3 * 113$
222	$2 * 3 * 37$	762	$2 * 3 * 127$
246	$2 * 3 * 41$	786	$2 * 3 * 131$
258	$2 * 3 * 43$	822	$2 * 3 * 137$
282	$2 * 3 * 47$	834	$2 * 3 * 139$
304	$2^4 * 19$	894	$2 * 3 * 149$
318	$2 * 3 * 53$	906	$2 * 3 * 151$
354	$2 * 3 * 59$	942	$2 * 3 * 157$
366	$2 * 3 * 61$	978	$2 * 3 * 163$
402	$2 * 3 * 67$	1002	$2 * 3 * 167$

1.8　B 型解

平行移動 $m = -12$ のとき $6p$（p：素数）という解が多数出てきた．これを一般に考える．

平行移動 m の完全数 α において，ある定数 k があって多数の素数 p について $\alpha = kp$（$k \neq p$）と書けるとする．このような解 α を B 型解という．

定義式 $\sigma(\alpha) = 2\alpha - m$ に $\alpha = kp$ を代入する．

$\sigma(\alpha) = \sigma(kp) = \sigma(k)(p+1)$, $2\alpha - m = 2kp - m$ なので

$$(\sigma(k) - 2k)p + m + \sigma(k) = 0$$

p は複数個あるので，$\sigma(k) - 2k = 0$, $m + \sigma(k) = 0$ を満たす．

完全数を一般にした平行移動 m の完全数に B 型解 kp があるとき，係数 k は古典的完全数になる．

これは美しい結果である．完全数の定義は歴史的な意義のあるものではあるが，現代数学の観点からすると研究する価値がどこにあるか分からない，などと言われかねない．

世の中で完全数がもてはやされると，数学界では完全数の価値が下がるようなところがあった．しかしここで B 型解の条件として完全数の定義が見直されたのである．

2. 超完全数の起源

$q = 2^{e+1} - 1$ は素数と仮定する．このとき，$a = 2^e$ の満たす式を考える．

$q = \sigma(a) = 2^{e+1} - 1$ は素数なので，$\sigma(q) = q + 1 = 2^{e+1} - 1 + 1 = 2^{e+1} = 2a$ を満たす．

$q = \sigma(a)$ を代入すると，$\sigma(\sigma(a)) = 2a$.

$\sigma^2(a) = \sigma(\sigma(a))$ とおくとき，$\sigma^2(a) = 2a$ を満たす．

そこで，この式を満たす a を超完全数とよぶ

（Suryanaryana 1969 年）．

超完全数 a を偶数と仮定すると，$a = 2^e$ となり，$q = 2^{e+1}-1$ は素数となることが同氏によって証明された．

2.1 超完全数の発見

> **定理 2**（Suryanaryana）
>
> 自然数 a は $\sigma^2(a) = 2a$ を満たすとする．さらに偶数と仮定すると，$a = 2^e$ となり，$q = 2^{e+1}-1$ は素数となる．

■ *Proof*

a を偶数完全数とする．a は偶数なので $a = 2^e L$（L：奇数）と書ける．

$N = 2^{e+1}-1$ を用いると $N > 2,\ \sigma(a) = N\sigma(L)$．

i ．$L = 1$ のとき，$\sigma(L)$ なので $\sigma(a) = N$．よって $\alpha = \sigma(a)$ とおくとき，$\alpha = 2a-1,\ \sigma(\alpha) = \sigma^2(a) = \alpha+1$．

　それゆえ，$\sigma(\alpha) = \alpha+1$．したがって α は素数 q であり，$q = 2^{e+1}-1$ はメルセンヌ素数．

ii．$L > 1$ のとき，

　　$\alpha = \sigma a = N\sigma(L)$ とおくとき，

　　　$\sigma(\alpha) = \sigma(N\sigma(L)) = \sigma^2(a) = 2a = 2^{e+1}L = (N+1)L$．

　　$B = N\sigma(L)$ とおくと $\sigma(B) = (N+1)L$．

ii a．$N \neq \sigma(L)$ のとき，$1, N, \sigma(L), B$ は相異なる B の約数．これによって，

　　$(N+1)L = \sigma(B) \geqq 1+N+\sigma(L)+B > 1+N+L+N(L+1)$

これは矛盾.

ii b.　$N = \sigma(L)$ のとき，$N \geqq L+1$，かつ $1, N, N^2$ は相異なる B の約数なので，

$$(N+1)L = \sigma(B) \geqq 1+N+N^2 > 1+L+NL = 1+(N+1)L.$$

よって，矛盾.　　　　　　　　　　　　　　　　　　　　　　□

　すなわち，偶数超完全数 a は偶数完全数の 2 べき部分 2^e になるという美しい結果である.

　　超完全数の発見は完全数研究において大きなインパクトを与えた.

2.2　超完全数の平行移動

　整数 m があるとき，$a = 2^e$ について $A = \sigma(a)+m = 2^{e+1}-1+m$ は素数と仮定する.　このとき，a の満たす連立方程式を構成しよう.

　$\sigma(A) = A+1$ によって，$\sigma(A) = 2a+m$.

　そこで，$a = 2^e$ を忘却の彼方におき $A = \sigma(a)+m, \sigma(A) = 2a+m$ にのみ注目する.

> **定義 3**　自然数 a と A が $A = \sigma(a)+m, \sigma(A) = 2a+m$ を満たすとき，a を平行移動 m の超完全数，A をそのパートナーと呼ぶ.

> **定理 3**　平行移動 m の超完全数 a が 2 べきのとき，すなわち $a = 2^\varepsilon$ となるとき，パートナー $A = 2^{\varepsilon+1}-1+m$ は素数になる.

このとき, $A = 2^{\varepsilon+1} - 1 + m$ は素数の式は超完全数の定義式になる. これは先祖返りの例である.

■ *Proof*

$a = 2^{\varepsilon}$ のとき $A = \sigma(a) + m = 2^{e+1} - 1$, $\sigma(A) = 2a + m = A + 1$ により, $\sigma(A) = A + 1$ なので A は素数.

逆を示すには, 概完全数予想を使う. □

2.3 A 型解と超完全数

平行移動 m の超完全数 a が 2 べき $a = 2^{\varepsilon}$ となるとき, パートナー $A = 2^{\varepsilon+1} - 1 + m$ は素数になるのだが, aA は平行移動 m の完全数になる.

また a は平行移動 m の完全数で A 型解 $2^{\varepsilon}Q$ とすると, 2^{ε} は平行移動 m の超完全数, Q はそのパートナーになる.

次に平行移動 m の超完全数に多くの解がでてくる場合を調べてみる.

いろいろ計算してみると, $m = -28, -18, -14$ の場合に解が多数出てくることが分かった.

多いだけではない. 彼らは実に美しい姿をしている. それが分かってくるにつれて, これは事件だ！と思い心の中で大声をあげた.

超完全数の平行移動を考えることによって興味ある研究対象が数多く出てくる. したがって, 平行移動の超完全数を一の鎖とする.

2.4　超完全数，$m = -28$ の場合

表 7：超完全数，$m = -28$

a	素因数分解	A	素因数分解
$m = -28$			
35	$7 * 5$	20	$2^2 * 5$
77	$7 * 11$	68	$2^2 * 17$
119	$7 * 17$	116	$2^2 * 29$
161	$7 * 23$	164	$2^2 * 41$
203	$7 * 29$	212	$2^2 * 53$
329	$7 * 47$	356	$2^2 * 89$
371	$7 * 53$	404	$2^2 * 101$
413	$7 * 59$	452	$2^2 * 113$
497	$7 * 71$	548	$2^2 * 137$
16	2^4	3	3
128	2^7	227	227
107	107	80	$2^4 * 5$
26	$2 * 13$	14	$2 * 7$
98	$2 * 7^2$	143	$11 * 13$

　ここでは解を素因数分解に応じて分類し，ブロックに分けた．

　第 1 ブロックは $a = 7p$, $A = 4q$（p, q 素数）となる解からなる．このような解をダブル B 型解という．

　$A = \sigma(a) - 28$ を満たすので，$q = 2p - 5$ をえる．このように 1 次式で関係づけられる奇素数の組 (p, q) をスーパー双子素数という．

　これらは当時小学 4 年生だった高橋洋翔君が最初に定式化し，研究を開始したものである．後に彼はスーパー双子素数の個数の漸近式の発見に至る．

　パソコンで得られた解を調べることは安易に流れる方法だ．そこで数学に専心することにしよう．

第 1 ブロックの解を特徴づける次の結果が得られた．これは偶数完全数を特徴づけたオイラーの定理に類似した結果と言えなくはない．

命題 1　$m = -28$ のスーパー完全数は $a = 7\alpha$, $(7 \nmid \alpha)$ と仮定すると $a = 7p$, $A = 4q$, $q = 2p - 5$.

Proof

$a = 7\alpha$ のとき $\sigma(a) = 8\sigma(\alpha)$, $A = \sigma(a) - 28 = 8\sigma(\alpha) - 28$.

$Q = 2\sigma(a) - 7$ とおくとこれは奇数で $A = 4Q$ を満たす．

$\sigma(A) = \sigma(4Q) = 7\sigma(Q) = 2a - 28 = 14\alpha - 28$.

ゆえに $\sigma(Q) = 2\alpha - 4$.

$Q = 2\sigma(\alpha) - 7$ を上の式から両辺を引くと

$$\mathrm{co}\sigma(Q) = -2\mathrm{co}\sigma(\alpha) + 3$$

よって，

$$\mathrm{co}\sigma(Q) + 2\mathrm{co}\sigma(\alpha) = 3$$

これより，$\mathrm{co}\sigma(Q) = \mathrm{co}\sigma(\alpha) = 1$.

α と Q は素数になるので $\alpha = p$ と $Q = q$ とおくとき，$a = 7p$, $A = 4q$, $q = 2p - 5$ を満たし，p, q はスーパー双子素数．　　□

第 2 ブロックでは解 a が 2 べき 2^e であり，A は素数になっている．

これを示すために定理 3 を使う．これによって解 a が 2 べきなら，A は素数になり $A = \sigma(a) - 28 = 2^{e+1} - 1 - 28$ を満たす．

このとき，A を平行移動 -28 のメルセンヌ素数という．

$a = 16$, $A = 3$; $a = 128$, $A = 227$ の他に巨大な解

$e = 103$, $a = 2^e$, $A = 2 * 2^e - 1 - 28 =$ 20282409603651670423947251285987 がえられた．

　第3ブロックには素数 107 が解として出てきた．この他の素数解があるかもしれないので，パソコンで探すとさらに 2 つあった．これは正直いって驚いた．

表 8：超完全数，$m = -28$，素数解のとき

a	素因数分解	A	素因数分解
107	107	80	$2^4 * 5$
6491	6491	6464	$2^6 * 101$
29339	29339	29312	$2^7 * 229$

　第4ブロックには解 $a = 26 = 2 * 13$, $A = 14 = 2 * 7$ があった．これを特徴づける結果が少しある．

命題 2　$a = 2\alpha$, $A = 2\beta : (\alpha, \beta : 奇数)$ とすると，
$$\alpha = 13, \ \beta = 7$$

Proof

　$\sigma(a) = 3\sigma(\alpha), \sigma(A) = 3\sigma(\beta)$ によって，
$$A = 2\beta = 3\sigma(\alpha) + m, \ \sigma(A) = 3\sigma(\beta) = 4\alpha + m$$
左の式を 3 倍した $6\beta = 9\sigma(\alpha) + 3m$ から，右の式の 2 倍 $6\sigma(\beta) = 8\alpha + 2m$ を引くと
$$-6\mathrm{co}\sigma(\beta) = \sigma(\alpha) + 8\mathrm{co}\sigma(\alpha) + m$$
$m = -28$ のとき，
$$28 = 6\mathrm{co}\sigma(\beta) + 8\mathrm{co}\sigma(\alpha) + \sigma(\alpha)$$
α, β がともに素数なら $28 = 6 + 8 + \sigma(\alpha) = 14 + \alpha + 1$.
よって，$\alpha = 13$, $2\beta = 3\sigma(\alpha) - 28 = 3 * 14 - 28 = 14 ; \beta = 7$.

　α が素数でない奇数なら，$\mathrm{co}\sigma(\alpha) \geq 3$ なので，
$$28 = 6\mathrm{co}\sigma(\beta) + 8\mathrm{co}\sigma(\alpha) + \sigma(\alpha) \geq 6 + 24 + \sigma(\alpha) \geq 30 + \alpha.$$
これは矛盾．α が素数でないことからも矛盾がでる．　□

なお，これから類推できるように $m = -18$ のときも，解はない．

このようにして解の解明が少しずつ進む．しかし解のすべてわかる日は永遠に来ないであろう．

2.5 超完全数，$m = -18$ の場合

表 9：超完全数，$m = -18$

a	素因数分解	A	素因数分解
15	$3 * 5$	6	$2 * 3$
21	$3 * 7$	14	$2 * 7$
39	$3 * 13$	38	$2 * 19$
57	$3 * 19$	62	$2 * 31$
111	$3 * 37$	134	$2 * 67$
129	$3 * 43$	158	$2 * 79$
201	$3 * 67$	254	$2 * 127$
219	$3 * 73$	278	$2 * 139$
237	$3 * 79$	302	$2 * 151$
309	$3 * 103$	398	$2 * 199$
16	2^4	13	13
64	2^6	109	109
27	3^3	22	$2 * 11$

第一ブロックは素数 p, q によって $a = 3p$，$A = 2q$ と書ける解からなる．このような解をダブル B 型解という．

$A = \sigma(a) - 18$ を満たすので，$2q = A = \sigma(a) - 18 = 4(p+1) - 18 = 4p - 14$．よって $q = 2p - 7$．したがって (p, q) はスーパー双子素数．

これを特徴づけるような次の結果がある．

命題 3　　$m = -18$ のスーパー完全数は $a = 3\alpha\,(3 \nmid \alpha)$ と仮定すると素数 p, q によって，$a = 3p$, $A = 2q$ と表され，$q = 2p-7$ を満たす．

■ *Proof*

$a = 3\alpha$ のとき $\sigma(a) = 4\sigma(\alpha)$, $A = 4\sigma(\alpha)-18$ を満たす．

$Q = 2\sigma(\alpha)-9$ とおくとこれは奇数になり $A = 2Q$.

$\sigma(A) = 3\sigma(Q) = 6\alpha-18$. ゆえに $\sigma(Q) = 2\alpha-6$.

　$Q = 2\sigma(\alpha)-9$ を上右の式から引くと

$$\mathrm{co}\sigma(Q) = -2\mathrm{co}\sigma(\alpha)+3$$

よって，

$$\mathrm{co}\sigma(Q) + 2\mathrm{co}\sigma(\alpha) = 3$$

これより，$\mathrm{co}\sigma(Q) = \mathrm{co}\sigma(\alpha) = 1$.

　α と Q は素数になるので $\alpha = p$ と $Q = q$ とおくとき，$a = 3p$, $A = 2q$, $q = 8p-1$ を満たし，p, q はスーパー双子素数．　　□

　第 2 ブロックには次のような解 $(a = 2^e,\ A = 2*a-1-18)$ がある．さらに無限に解があると思われる．

表 10：超完全数，$m = -18$

e	a	$A = 2^{e+1}-1-18$ 素数
4	2^4	13
6	2^6	109
10	2^{10}	2029
14	2^{14}	32749
18	2^{18}	524269
20	2^{20}	2097133

2.6　超完全数, $m = -14$ の場合

$m = -14$ の場合の超完全数を簡単にみておこう.

表11：超完全数, $m = -14$, a：素数の場合

a: 素数		A	
43	43	30	$2 * 3 * 5$
79	79	66	$2 * 3 * 11$
127	127	114	$2 * 3 * 19$
151	151	138	$2 * 3 * 23$
199	199	186	$2 * 3 * 31$
271	271	258	$2 * 3 * 43$
331	331	318	$2 * 3 * 53$
367	367	354	$2 * 3 * 59$
379	379	366	$2 * 3 * 61$
439	439	426	$2 * 3 * 71$
487	487	474	$2 * 3 * 79$
547	547	534	$2 * 3 * 89$
619	619	606	$2 * 3 * 101$
317	317	304	$2^4 * 19$
37	37	24	$2^3 * 3$
67	67	54	$2 * 3^3$

　このとき, 解 a が素数になる場合に限定して考えてみる. すると $A = 6q$ の解が多いことが分かる.

　超完全数の定義式に $a = p$ を代入すると, $A = \sigma(a) + m = p - 13$, $\sigma(A) = 2a + m = 2p - 14$ を満たす.

　これによって $\sigma(A) = 2A + 12$. これは平行移動 -12 の完全数. したがって, $A = 6q$ の解が多いことは当然である.

表 12：超完全数，$m = -14$；a：非素数

a 非素数解	素因数分解	A	素因数分解
16	2^4	17	17
64	2^6	113	113
128	2^7	241	241
512	2^9	1009	1009
8192	2^{13}	16369	16369
32768	2^{15}	65521	65521
247	$13 * 19$	266	$2 * 7 * 19$
164167	$181 * 907$	165242	$2 * 7 * 11 * 29 * 37$
214279	$13 * 53 * 311$	235858	$2 * 7 * 17 * 991$
1314151	$17 * 23 * 3361$	1452370	$2 * 5 * 311 * 467$
1521223	$11 * 41 * 3373$	1700482	$2 * 7 * 23 * 5281$

非素数の解 a は 2 べきと素数積のようだ．

表 13：超完全数，$m = -2, -1, 0$

a	素因数分解	A	素因数分解
$m = -2$			
4	2^2	5	5
8	2^3	13	13
16	2^4	29	29
32	2^5	61	61
256	2^8	509	509
512	2^9	1021	1021
7	7	6	$2 * 3$
29	29	28	$2^2 * 7$
889	$7 * 127$	1022	$2 * 7 * 73$
253	$11 * 23$	286	$2 * 11 * 13$
$m = -1$			
2	2	2	2
$m = 0$			
2	2	3	3
4	2^2	7	7
16	2^4	31	31
64	2^6	127	127
4096	2^{12}	8191	8191
65536	2^{16}	131071	131071
262144	2^{18}	524287	524287

　$m=0$ のとき a が偶数の場合には aA が古典的完全数になる．超完全数とそのパートナーが完全数の分解を与えている．これは美しい結果である．

3. ウルトラ完全数の起源

　当時小学 4 年生の高橋洋翔君に $\sigma^2(a)=2a$ を満たす a を超完全数とよぶことを説明した．すると，翌週

　「$\sigma^3(a)=4a-1$ を満たす a を考えました．これが偶数なら，やはり完全数の 2 べき部分ですか．」

と質問してきた．

　数日考えたが証明できなかった．$\sigma^3(a)$ のように 3 重に合成する式を満たす a をウルトラ完全数と言うことを提案した．

3.1　ウルトラ完全数の平行移動

　一般に，平行移動も考え新しい変数 B を導入し平行移動 m のウルトラ完全数の概念を導入した．

　整数 m があるとき，$a=2^e$ について $A=\sigma(a)=2^{e+1}-1+m$ は素数と仮定する．このとき，$A=\sigma(a)+m$, $\sigma(A)=2a+m$ が成り立つ．

　ここで，$\sigma(A)-m=2a$ に着目し，$B=\sigma(A)-m$ とおく．

　これは $B=2a=2^{e+1}$ とも書けるので $\sigma(B)=\sigma(2^{e+1})=2^{e+2}-1=4a-1$ と変形できる．

　そこで，$A=\sigma(a)+m$, $B=\sigma(A)-m$, $\sigma(B)=4a-1$ に注目した．

　整数 m が与えられたとき，

> **定義4**　自然数 a, A, B が $A = \sigma(a) + m$, $B = \sigma(A) - m$, $\sigma(B) = 4a - 1$ を満たすなら，a を平行移動 m のウルトラ完全数，A をそのパートナー，B をシャドウと呼ぶ.

　$m = 0$ のとき，　$A = \sigma(a)$, $B = \sigma(A)$, $\sigma(B) = 4a - 1$ なので $\sigma^3(a) = 4a - 1$ を満たす.

　いろいろな m について平行移動 m のウルトラ完全数の数値計算す解には2べきが圧倒的に多く，そのため面白い解がほとんどない.

　ウルトラ完全数の定義は失敗だったかもしれない. 小学生の発想を活かせなかったので大いに恥じ入って，定義を少し変形して，ウルトラ2型完全数を定義した. すると美しい解が多数現れた.

3.2　平行移動 m のウルトラ2型完全数

　当時（2018年），私は前立腺癌の治療のため，放射線の治療をすることになった.

　その結果8週間にわたって週5回，毎回10分かかる放射線の照射を受けることになったのである.

　毎日，大学病院の地下廊下のベンチに座り自分の番を待つ. その間，放射線治療を忘れて，完全数の世界に没頭しノートと鉛筆で必死に計算を続けた. そのとき意外にもウルトラ2型完全数のもつ良い性質が明らかになった.

　これは偶然かもしれないが病院で待ち時間が十分すぎるほどあったのでいろいろ試みることができ，その結果成功したのである.

整数 m に対して $A = 2^{e+1} - 1 + m$ は素数と仮定する.

$a = 2^e$ とおくと,$A = \sigma(a) + m$ を満たす.

$\sigma(A) = A + 1 = 2^{e+1} + m$.$B = \sigma(A) - 1$ とおくと,$\sigma(B) = A + 1 = 2a + m$ となる.

定義 5　整数 m に対して $A = \sigma(a) + m$,$B = \sigma(A) - 1$,$\sigma(B) = 2a + m$ を満たす a を平行移動 m のウルトラ 2 型完全数,A をそのパートナー,B をシャドウという.

命題 4　平行移動 m のウルトラ 2 型完全数 a が 2 べきなら A は素数.

■ *Proof*

$a = 2^\varepsilon$ とおくとき,$A = \sigma(a) + m = 2^{e+1} - 1 + m$,$B = \sigma(A) - 1$,$\sigma(B) = 2a + m \geq B + 1 = \sigma(A) \geq a + 1 + m = 2a + m$.

したがって,$2a + m \geq B + 1 = \sigma(A) \geq A + 1 + m = 2a + m$ をえるので,$\sigma(A) = A + 1$.よって A は素数かつ $B = A$.　□

逆を示すために A は素数と仮定する.$\sigma(A) = A + 1$ によって,$\sigma(A) - 1 = A$.定義により,$B = \sigma(A) - 1$ なので $B = A$.それは素数なので

$$\sigma(B) = B + 1 = A + 1.$$

定義式によって,$A = \sigma(a) + m$,$\sigma(A) = \sigma(B) = 2a + m$

$$2a + m = \sigma(A) = A + 1 = \sigma(a) + m + 1$$

したがって $2a = \sigma(a) + 1$.概完全数予想を使うと,a は 2 べき.

3.3　平行移動 -28 のウルトラ 2 型完全数

平行移動 -28 のウルトラ 2 型完全数の解をパソコンで求め

た．それを見たとき，私は思わず息をのんだ．想像を絶する美しい結果がでていたのである．

　苦労して登頂し，二の鎖までたどり着いた感動を想像し，ウルトラ 2 型完全数発見を，二の鎖とする．

表 14：平行移動 m のウルトラ 2 型完全数，$(m = -28)$

a	素因数分解	A	素因数分解	B	素因数分解
35	$7 * 5$	20	$2^2 * 5$	41	41
161	$7 * 23$	164	$2^2 * 41$	293	293
413	$7 * 59$	452	$2^2 * 113$	797	797
623	$7 * 89$	692	$2^2 * 173$	1217	1217
959	$7 * 137$	1076	$2^2 * 269$	1889	1889
1253	$7 * 179$	1412	$2^2 * 353$	2477	2477
1379	$7 * 197$	1556	$2^2 * 389$	2729	2729
2681	$7 * 383$	3044	$2^2 * 761$	5333	5333
2723	$7 * 389$	3092	$2^2 * 773$	5417	5417
3101	$7 * 443$	3524	$2^2 * 881$	6173	6173
4151	$7 * 593$	4724	$2^2 * 1181$	8273	8273
4319	$7 * 617$	4916	$2^2 * 1229$	8609	8609
4529	$7 * 647$	5156	$2^2 * 1289$	9029	9029
16	2^4	3	3	3	3
128	2^7	227	227	227	227
6491	6491	6464	$2^6 * 101$	12953	12953
26	$2 * 13$	14	$2 * 7$	23	23
98	$2 * 7^2$	143	$11 * 13$	167	167

　定義式 $A = \sigma(a) - 28$, $B = \sigma(A) - 1$ に $a = 7p$, $A = 4q$ を代入すると
$$4q = A = \sigma(a) - 28 = 8(p+1) - 28 = 8p - 20,$$
$$B = \sigma(4q) - 1 = 7q + 7 - 1.$$
よって，$q = 2p - 5$, $B = 7q + 6$.
$\sigma(B) = 2a - 28 = 14p - 28 = 14(p-2) = 7(2p-4) = 7(2p-5+1) = 7q + 7$ になり，$B = 7q + 6$ によれば $\sigma(B) = B + 1$.
　ゆえに，B は素数なので，$B = r$ とすると，

$$r = 7q + 6, \quad q = 2p - 5.$$

したがって，(p, q, r) は 1 次式で結ばれたウルトラ三つ子素数になる．

ウルトラ 2 型完全数からウルトラ三つ子素数がでて来た．これは美しい関係式である．その発見のきっかけには放射線治療がからんでいた．

私は思わずドクターに「放射線治療のおかげかもしれない，数学で思いがけない発見ができました．」とお礼を述べたところ，ドクターもわがことのように喜んでくれた．

命題 5 $A = \sigma(a) - 28,\ B = \sigma(A) - 1,\ \sigma(B) = 2a - 28$
において $a = 7\alpha\,(7 \nmid \alpha),\ A = 4\beta\,(2 \nmid \beta),\ B = r$ とする．

Proof

$A = 4\beta = \sigma(a) - 28 = 8\sigma(\alpha) - 28,\ B = r = \sigma(A) - 1 = 7\sigma(\beta) - 1,$
$\sigma(B) = \sigma(r) = 14\alpha - 28$ によって，

$$\sigma(r) = 14\alpha - 28 = 14(\alpha - 2) \geqq r + 1 = 7\sigma(\beta).$$

よって，

$$14(\alpha - 2) \geqq 7\sigma(\beta).$$

ゆえに，$2\alpha \geqq \sigma(\beta) + 4.$

不等式 $2\sigma \geqq \sigma(\beta) + 4$ から式 $2\sigma(\alpha) = \beta + 7$ を引くと，

$$-2\operatorname{co}\sigma(\alpha) \geqq \operatorname{co}\sigma(\beta) - 3.$$

これより，

$$3 \geqq \operatorname{co}\sigma(\beta) + 2\operatorname{co}\sigma(\alpha) \geqq 3.$$

ゆえに，$\operatorname{co}\sigma(\beta) = 1,\ \operatorname{co}\sigma(\alpha) = 1.$

$\beta = q,\ \alpha = p$ と素数 p, q で書くことにした．ここでの不等号がすべて等号になるので $2\sigma(\alpha) = 2(p+1) = q + 7.$ $B - r = 7\sigma(q+1)$ $-1 = 7q + 6,\ \sigma(B) = 14p - 28 = 14(p-2),\ 2\sigma(\alpha) = 2(p+1) = q + 7$

によって，　$q = 2p-5$.

　これより　$B = r = 7\alpha(q+1)-1 = 7q+6 = 7(2p-5)+6 = 14p-19 = 14(p-2)-1 = \sigma(B)-1$.

　$B = r$ は素数で $r = 14p-29$. (p, q, r) はウルトラ三つ子素数になる．

3.4　平行移動 $m = -18$ のウルトラ 2 型完全数

表 15：平行移動 $m = -18$ のウルトラ 2 型完全数

a	素因数分解	A	素因数分解	B	素因数分解
15	$3 * 5$	6	$2 * 3$	11	11
21	$3 * 7$	14	$2 * 7$	23	23
39	$3 * 13$	38	$2 * 19$	59	59
129	$3 * 43$	158	$2 * 79$	239	239
201	$3 * 67$	254	$2 * 127$	383	383
219	$3 * 73$	278	$2 * 139$	419	419
309	$3 * 103$	398	$2 * 199$	599	599
669	$3 * 223$	878	$2 * 439$	1319	1319
921	$3 * 307$	1214	$2 * 607$	1823	1823
729	3^6	1075	$5^2 * 43$	1363	$29 * 47$
16	2^4	13	13	13	13
64	2^6	109	109	109	109
1024	2^{10}	2029	2029	2029	2029
29	29	12	$2^2 * 3$	27	3^3

4 メルセンヌ型超完全数の起源

4.1 メルセンヌ素数の方程式

$q = 2^{e+1}-1$ が素数の時，これをメルセンヌ素数という．

$a = \dfrac{q+1}{2} = 2^e$ は 2 べきで，$a = aq$ は完全数であり，メルセンヌ素数はその素数部分となる．

$\sigma(q) = q+1 = 2^{e+1}$ なので，$\sigma^2(q) = 2^{e+2}-1 = 2*2^{e+1}-1 = 2(q+1)-1 = 2q-1$．

$\sigma^2(a) = 2a+1$ はメルセンヌ素数を解に持つのでメルセンヌ素数の方程式という．この解はメルセンヌ素数に限るかが問題である．

しかしこの問題は解けそうにない．平行移動 m のメルセンヌ型超完全数を考える方が有益である．

4.2 平行移動 m のメルセンヌ型超完全数

整数 m に対して $a = 2^{e+1}-1+m$ は素数と仮定する．

$\sigma(a) = 2^{e+1}+m$ を満たすので，$A = \sigma(a)-m$ とおけば，$A = 2^{e+1}$．$\sigma(A) = 2*2^{e+1}-1$．

$2^{e+1} = a+1-m$ を使うと，$\sigma(A) = 2a+1-2m$．

定義 6 整数 m に対して $A = \sigma(a)-m$, $\sigma(A) = 2a+1-2m$ を満たす a を平行移動 m のメルセンヌ型超完全数，A をそのパートナーという．

表 16：平行移動 m のメルセンヌ型超完全数

$m=-2$			
a	素因数分解	A	素因数分解
4	2^2	9	3^2
5	5	8	2^3
13	13	16	2^4
29	29	32	2^5
61	61	64	2^6
509	509	512	2^9
1021	1021	1024	2^{10}
4093	4093	4096	2^{12}
$m=-1$			
2	2	4	2^2
14	$2*7$	25	5^2
$m=0$			
3	3	4	2^2
7	7	8	2^3
31	31	32	2^5
127	127	128	2^7
8191	8191	8192	2^{13}

4.3　平行移動 m のメルセンヌ型ウルトラ完全数

　整数 m に対して $a=2^{e+1}-1+m$ は素数と仮定する.

　$\sigma(a)=2^{e+1}+m$ を満たすので $A=\sigma(a)-m$ とおけば,

$A=2^{e+1}$ なので $\sigma(A)=2^{e+2}-1$.

$B=\sigma(A)+1$ とおくと,　$B=2^{e+1}$, $\sigma(B)=4*2^{e+1}-1=4a+3$ $-4m$ となる.

定義7　整数 m に対して $A=\sigma(a)-m$, $B=\sigma(A)+1$, $\sigma(B)=$ $4a+3-4m$ を満たす a を平行移動 m のメルセンヌ型ウルトラ完全数, A をそのパートナー, B をシャドウという.

表 17：平行移動 $m=0$ のウルトラ完全数

a	素因数分解	A	素因数分解	B	素因数分解
3	3	4	2^2	8	2^3
7	7	8	2^3	16	2^4
31	31	32	2^5	64	2^6
127	127	128	2^7	256	2^8
8191	8191	8192	2^{13}	16384	2^{14}
131071	131071	131072	2^{17}	262144	2^{18}
524287	524287	524288	2^{19}	1048576	2^{20}
45	$3^2 * 5$	78	$2 * 3 * 13$	169	13^2

$m=0$ のとき，45 以外はメルセンヌ素数で aA は完全数の 2 倍．45 は小さい変異解．

一般の m についてもほとんどが素数の解で変な解がないのが不思議である．これでは研究の意欲がおきない．

5. 平行移動 m のメルセンヌ型ウルトラ 2 型完全数

超完全数のとき，構成法は唯一つしかないが，ウルトラ完全数の場合は定義を工夫する余地がある．うまく行けば変わった解ができる．

実は数年にわたって変な解がでてくるようなウルトラ完全数の定義を考え続けたがなかなかうまくできない．

コロナ禍で苦難の日が続き，気持ちが晴れない 2021 年 4 月末の夕刻に幸いにも $\sigma(A)+1$ の代わりに $\sigma(A)-1$ を使う[*2] ことによってメルセンヌ型ウルトラ 2 型完全数ができた．ついに，三の鎖に行き着いたほどの感動があった．

[*2] 昔の演歌：押してだめなら引いてやれ，が聞こえた

整数 m に対して $a=2^{e+1}-1+m$ は素数と仮定する.

$\sigma(a)=2^{e+1}+m$ を満たすので $A=\sigma(a)-m$ とおけば, $A=2^{e+1}$ なので $\sigma(A)=2^{e+2}-1$.

$F=\sigma(A)-1$ とおくと, $F=2(2^{e+1}-1)$ となる.

$a=2^{e+1}-1+m$ を使うと, $F=2(a-m)$.

$B=F+2m=\sigma(A)-1+2m$ とおくと, $B=2a$.

a は奇素数なので, $\sigma(B)=\sigma(2a)=3a+3$.

定義8 整数 m に対して $A=\sigma(a)-m$, $B=\sigma(A)-1+2m$, $\sigma(B)=3a+3$ を満たす a 平行移動 m のメルセンヌ型ウルトラ2型完全数, A をそのパートナー, B をシャドウという.

命題6 ウルトラ2型完全数 a は, $a=p$ (素数), A は概完全数を仮定すると, $B=2p$

■ *Proof*

ウルトラ2型完全数の定義式によって, $A=\sigma(a)-m=p+1-m$.

A は概完全数なので $B=\sigma(A)-1+2m=2A-2+2m=2(A-1+m)=2p$. □

命題7 ウルトラ2型メルセンヌ完全数 a に対し, その上 $B=2Q$ (Q：素数)を仮定する.

すると, $a=Q$.

次の問題が解けたらすごいのだが.

問題 1 ウルトラ 2 型メルセンヌ完全数 a は，B が偶数なら
メルセンヌ素数になることを示せ.

5.1 ウルトラ 2 型メルセンヌ完全数，$(m = 0)$

表 18：ウルトラ 2 型メルセンヌ完全数，$(m = 0)$

a		A	partner	B	shadow
3	3	4	2^2	6	$2 * 3$
7	7	8	2^3	14	$2 * 7$
31	31	32	2^5	62	$2 * 31$
127	127	128	2^7	254	$2 * 127$
8191	8191	8192	2^{13}	16382	$2 * 8191$
131071	131071	131072	2^{17}	262142	$2 * 131071$
524287	524287	524288	2^{19}	1048574	$2 * 524287$
49279	49279	49280	$2^7 * 5 * 7 * 11$	146879	$191 * 769$
100151	100151	100152	$2^3 * 3^2 * 13 * 107$	294839	$53 * 5563$
575959	575959	575960	$2^3 * 5 * 7 * 11^2 * 17$	1723679	$461 * 3739$
111	$3 * 37$	152	$2^3 * 19$	299	$13 * 23$
1119	$3 * 373$	1496	$2^3 * 11 * 17$	3239	$41 * 79$
284479	$13 * 79 * 277$	311360	$2^6 * 5 * 7 * 139$	853439	853439

　表を観察すると，a が素数で，B が偶数なら，$A = 2^n$（2 べ
き），$B = 2Q$（Q：奇数）を満たすらしい.

　a が素数のとき，これを一般のメルセンヌ素数とよび，B が
奇数ならとくに変異型のメルセンヌ素数（variants of Mersenne
primes）とよぶ.

　メルセンヌ素数でないウルトラ 2 型メルセンヌ完全数変異型
メルセンヌ数と呼ぶ.

5.2　$m = -192$ の場合

　m をいろいろ変えて解が多い場合を，下は -300 を限度に根気よく探すと，$m = -192$ のとき，白旗を掲げて降参しましたとでも言い出しそうな有様で多くの解が出てきた．

表 19：ウルトラ 2 型メルセンヌ完全数，$m = -192$

a		A	partner	B	shadow
27	3^3	232	$2^3 * 29$	65	$5 * 13$
39	$3 * 13$	248	$2^3 * 31$	95	$5 * 19$
219	$3 * 73$	488	$2^3 * 61$	545	$5 * 109$
327	$3 * 109$	632	$2^3 * 79$	815	$5 * 163$
1047	$3 * 349$	1592	$2^3 * 199$	2615	$5 * 523$
1227	$3 * 409$	1832	$2^3 * 229$	3065	$5 * 613$
1839	$3 * 613$	2648	$2^3 * 331$	4595	$5 * 919$
2127	$3 * 709$	3032	$2^3 * 379$	5315	$5 * 1063$
2307	$3 * 769$	3272	$2^3 * 409$	5765	$5 * 1153$
3099	$3 * 1033$	4328	$2^3 * 541$	7745	$5 * 1549$
4287	$3 * 1429$	5912	$2^3 * 739$	10715	$5 * 2143$
4359	$3 * 1453$	6008	$2^3 * 751$	10895	$5 * 2179$
5007	$3 * 1669$	6872	$2^3 * 859$	12515	$5 * 2503$
5367	$3 * 1789$	7352	$2^3 * 919$	13415	$5 * 2683$
57	$3 * 19$	272	$2^4 * 17$	173	173
367	367	560	$2^4 * 5 * 7$	1103	1103

　$a = 3p$, $A = 8q$, $B = 5r$（(p, q, r)：素数）となる解がでてきた．これをトリプル B 型解とよぶことにしよう．

　$p = 2q - 49$, $r = 3q - 74$ を満たす素数なので (p, q, r) はウルトラ三つ子素数となる．

　三の鎖を超えたところでなんとも美しい結果が出たのである．

　$m = -208$, $m = -232$ において，同じようにトリプル B 型解とウルトラ三つ子素数が現れた．これらの研究は今始まったばかりである．

　平行移動 m の超完全数では $m = -28, -18, -14$ のとき多数の解がありそこではスーパー双子素数が活躍をした.

　メルセンヌ型超完全数で類似のことが確認できないがメルセンヌ型ウルトラ 2 型完全数のとき，$m = -192, -208, -232$ で類似の現象が出たのである．これは驚異の現象というべきであろう.

命題 8　$a = 3\alpha\,(3 \nmid \alpha)$, $A = 8\beta\,(2 \nmid \beta)$, $B = 5\gamma\,(5 \nmid \gamma)$ となる解があると仮定すると，α, β, γ は素数になる.

Proof

　$m = -192$ のとき,

$$
\begin{aligned}
8\beta &= A \\
&= \sigma(a) - m \\
&= \sigma(3\alpha) + 192 \\
&= 4\sigma(\alpha) + 192.
\end{aligned}
$$

よって，$2\beta = \sigma(\alpha) + 48$.

そこで，$2\beta - \sigma(\alpha) = L\,(L = 48)$ とおく.

$B = 5\gamma = 15\sigma(\beta) - 385$ によって $\gamma = 3\sigma(\beta) - 77$.

これより，$\gamma - 3\sigma(\beta) = M\,(M = -77)$.

$$0 = \sigma(B) - 3a - 3 = \sigma(5\gamma) - 3 * 3\alpha - 3 = 6\sigma(\gamma) - 9\alpha - 3$$

により，$2\sigma(\gamma) = 3\alpha + 1$.

$2\sigma(\gamma) - 3\alpha = N\,(N = 1)$

$X = \mathrm{co}\sigma(\alpha) = \sigma(\alpha) - \alpha$, $Y = \mathrm{co}\sigma(\beta) = \sigma(\beta) - \beta$, $Z = \mathrm{co}\sigma(\gamma) = \sigma(\gamma) - \gamma$ とおいて,

$2\beta - \sigma(\alpha) = 2\beta - (X + \alpha) = L\,;\,2\beta - \alpha = L + X$

$2\sigma(\gamma) - 3\alpha = 2(Z + \gamma) - 3\alpha = N\,;\,2\gamma - 3\alpha = N - 2Z$

$\gamma - 3\sigma(\beta) = \gamma - 3(Y + \beta) = M\,;\,\gamma - 3\beta = M + 3Y$

$\alpha = 2\beta - L - X$ を式 $2\gamma - 3\alpha = N - 2Z$ に代入して，α を消去する．

$2\gamma - 3(2\beta - L - X) = N - 2Z$ となるのでこれを変形して，

$$2\gamma - 6\beta = N - 2Z - 3(L + X)$$

$\gamma - 3\beta = M + 3Y$ を用いて

$$2\gamma - 6\beta = 2(M + 3Y) = N - 2Z - 3(L + X)$$

$2(M + 3Y) = N - 2Z - 3(L + X)$ を整理すると

$$6Y + 2Z + 3X = N - 2M - 3L$$

$L = 48$, $N = 1$, $M = -77$ を代入すると

$N - 2M - 3L = 1 + 2*77 - 3*48 = 1 + 154 - 144 = 11$ を整理して

$$6Y + 2Z + 3X = 11.$$

X, Y, Z は $0, 1$ になる以外は 3 より大きい自然数．

以上によって $Y = Z = X = 1$ となることがわかる．

それゆえ $\alpha = p$, $\beta = q$, $\gamma = r$ はどれも素数になるので

$a = 3\alpha = 3p$, $A = 8\beta = 8q$, $B = 5\gamma = 5r$ となる．

$r = 3q - 74$, $p = 2q - 49$ なので (p, q, r) はウルトラ三つ子素数．

□

　以上の結果を得たとき，私は身震いするような感動を覚えた．なんて，幸せなことだ．79歳の誕生日をこのような結果で祝うことになろうとは，驚いた．

　$m = -208$, $m = -232$ において，トリプル B 型解とウルトラ三つ子素数が現れた．

　三の鎖場を超えたところで 3 つの高峰が現れたように最初思ったが，m をメートルと読むと，標高が負なので大きな窪地ということになる．3 つのクレーターを発見したと思うこともできる．

表 20：ウルトラ 2 型メルセンヌ完全数，$m = -208$

a		A	partner	B	shadow
15	$5 * 3$	232	$2^3 * 29$	33	$3 * 11$
95	$5 * 19$	328	$2^3 * 41$	213	$3 * 71$
415	$5 * 83$	712	$2^3 * 89$	933	$3 * 311$
535	$5 * 107$	856	$2^3 * 107$	1203	$3 * 401$
695	$5 * 139$	1048	$2^3 * 131$	1563	$3 * 521$
1415	$5 * 283$	1912	$2^3 * 239$	3183	$3 * 1061$
1535	$5 * 307$	2056	$2^3 * 257$	3453	$3 * 1151$
2495	$5 * 499$	3208	$2^3 * 401$	5613	$3 * 1871$
2815	$5 * 563$	3592	$2^3 * 449$	6333	$3 * 2111$
3215	$5 * 643$	4072	$2^3 * 509$	7233	$3 * 2411$
6295	$5 * 1259$	7768	$2^3 * 971$	14163	$3 * 4721$
7135	$5 * 1427$	8776	$2^3 * 1097$	16053	$3 * 5351$
8935	$5 * 1787$	10936	$2^3 * 1367$	20103	$3 * 6701$
9335	$5 * 1867$	11416	$2^3 * 1427$	21003	$3 * 7001$
12295	$5 * 2459$	14968	$2^3 * 1871$	27663	$3 * 9221$
12695	$5 * 2539$	15448	$2^3 * 1931$	28563	$3 * 9521$
13415	$5 * 2683$	16312	$2^3 * 2039$	30183	$3 * 10061$
47	47	256	2^8	94	$2 * 47$

命題 9 $a = 5\alpha\,(5 \nmid \alpha),\ A = 8\beta\,(2 \nmid \beta),\ B = 3\gamma\,(3 \nmid \gamma)$ となる解があると仮定すると，α, β, γ は素数になる．

Proof

$m = -208$ のとき，

$$8\beta = A = \sigma(a) - m = \sigma(3\alpha) + 192 = 4\sigma(\alpha) + 192,\ 5\gamma = B = \alpha(A)$$
$$-1 + 2m = \sigma(8\beta) - 1 - 2 * 192 = \sigma(8\beta) - 1 - 2 * 192 = 15\sigma(B) - 385.$$

$$8\beta = A$$
$$= \sigma(a) - m$$
$$= \sigma(5\alpha) + 208$$
$$= 6\sigma(\alpha) + 208$$

$$5\gamma = 15\sigma(B) - 385.$$

$$4\mathrm{co}\sigma(\gamma) + 15\mathrm{co}\sigma(\alpha) + 20\mathrm{co}\sigma(\beta) = 39$$

$$\mathrm{co}\sigma(\gamma) = \mathrm{co}\sigma(\alpha) = \mathrm{co}\sigma(\beta) = 1 \,; \alpha = p,\ \beta = q,\ \gamma = r \qquad \square$$

表 21 ：ウルトラ 2 型メルセンヌ完全数，$m = -232$

a		A	partner	B	shadow
191	191	424	$2^3 * 53$	345	$3 * 5 * 23$
239	239	472	$2^3 * 59$	435	$3 * 5 * 29$
431	431	664	$2^3 * 83$	795	$3 * 5 * 53$
479	479	712	$2^3 * 89$	885	$3 * 5 * 59$
863	863	1096	$2^3 * 137$	1605	$3 * 5 * 107$
1103	1103	1336	$2^3 * 167$	2055	$3 * 5 * 137$
1583	1583	1816	$2^3 * 227$	2955	$3 * 5 * 197$
1823	1823	2056	$2^3 * 257$	3405	$3 * 5 * 227$
1871	1871	2104	$2^3 * 263$	3495	$3 * 5 * 233$
2111	2111	2344	$2^3 * 293$	3945	$3 * 5 * 263$
2543	2543	2776	$2^3 * 347$	4755	$3 * 5 * 317$
2879	2879	3112	$2^3 * 389$	5385	$3 * 5 * 359$
3119	3119	3352	$2^3 * 419$	5835	$3 * 5 * 389$
3359	3359	3592	$2^3 * 449$	6285	$3 * 5 * 419$
4463	4463	4696	$2^3 * 583$	8355	$3 * 5 * 557$
4703	4703	4936	$2^3 * 617$	8805	$3 * 5 * 587$
4943	4943	5176	$2^3 * 647$	9255	$3 * 5 * 617$
5231	5231	5464	$2^3 * 683$	9795	$3 * 5 * 653$
6863	6863	7096	$2^3 * 887$	12855	$3 * 5 * 857$
7583	7583	7816	$2^3 * 977$	14205	$3 * 5 * 947$
23	23	256	2^8	46	$2 * 23$
3863	3863	4096	2^{12}	7726	$2 * 3863$
1919	$19 * 101$	2272	$2^5 * 71$	4071	$3 * 23 * 59$
639	$3^2 * 71$	1168	$2^4 * 73$	1829	$31 * 59$

$a = p,\ A = 8q,\ B = 15r$ とおくと，　$p = 8q - 233,\ r = q - 30.$

1. 初歩から始める完全数

ハイブリッド完全数

1. ユークリッドの原論

　完全数は聞いたことがあるという人は多い．たとえば，6や28は完全数である．

　これらについて自分自身以外の約数（真の約数という）を考える．

　6ならば，真の約数は，1，2，3でこれらを加えると $1+2+3=6$．こうして真の約数を足すと元の数が再現する．

　28ならば，真の約数は，1，2，4，7，14，でこれらを加えると $1+2+4+7+14=28$．こうして元の数28が再現する．

　こういった性質を持つ整数を古代ギリシャの数学者（ピタゴラス，ユークリッドら）は完全数と呼んだ．

　496，8128も完全数であることは当時から知られていた．ほかにこのような性質の数があるだろうかと1800年にわたって探し15世紀になって第5の完全数33550336が発見された．

　紀元前 3 世紀に書かれたユークリッドの（数学）原論には次の
ことが書かれている.

　1 から始めて 2 倍し 2. さらに 2 倍し 4. 繰り返すと 2^n.
これらを足してできた $q = 1+2+\cdots+2^n = 2^{n+1}-1$ が素数になっ
たとき，$a = 2^n q$ は完全数になる.

　これを理解するため記号を導入する.

自然数 a の約数 d（a も入れる）の総和 $\sum d$ を $\sigma(a)$ と書く.

$\sigma(2^n) = 1+2+\cdots+2^n$ になるが，これは 2 を公比とする等比数
列の和であり等比数列の公式によれば，$\sigma(2^n) = 2^{n+1}-1$.

また，q が素数なら $\sigma(q) = 1+q$. さらに乗法公式によれば $2, q$
は互いに素なので

$\sigma(a) = \sigma(2^n)\sigma(q) = (2^{n+1}-1)(q+1) = (2^{n+1}-1)q + 2^{n+1}-1$ となる.

$(2^{n+1}-1)q = 2*2^n q - q = 2a - q$. さらに $q = 2^{n+1}-1$.

これより，$\sigma(a) = (2^{n+1}-1)q + 2^{n+1}-1 = 2a - q + 2^{n+1}-1 = 2a$ に
よって，$\sigma(a) = 2a$.

　以上の計算では $a = 2^n q$，$(q = 2^{n+1}-1：素数)$ に対して $\sigma(a)$
を用いて，n を消去した結果，式 $\sigma(a) = 2a$ が成立したのである.

定義 1　$\sigma(a) = 2a$ を満たす数 a を完全数という.

　$q = 2^{n+1}-1$ が素数のとき，$a = 2^n q$ は完全数になるが，この
逆が成立するか. これが 2000 年来の問題である.

　完全数 a は偶数なら，$a = 2^n q$，$(q = 2^{n+1}-1：素数)$ と書ける
ことはオイラーが示した.

定理 1 完全数 a が偶数なら，$a = 2^n q$，$(q = 2^{n+1} - 1 : 素数)$．

■ *Proof*

a は偶数なので，$a = 2^e L$（L：奇数）と書ける．$N = 2^{e+1} - 1$ とおくとき，$\sigma(a) = \sigma(2^e)\sigma(L) = N\sigma(L)$．

条件式 $2a = \sigma(a)$ により，$2a = 2^{e+1}L = (N+1)L$ と書けるので $(N+1)L = N\sigma(L)$ をえるが，オイラーは簡単な式変形を行う．

$$\frac{N+1}{N} = \frac{\sigma(L)}{L}$$

左辺は既約分数形なので，ある自然数 k があり，$L = kN$，$\sigma(L) = k(N+1)$ と書ける．

$k = 1$ のとき，$L = N$，$\sigma(L) = N+1 = L+1$．
よって，$L = N = 2^{e+1} - 1$ は素数．
したがって $a = 2^e(2^{e+1} - 1)$ はユークリッドの完全数．

$k > 1$ のとき，$L = kN$ により，k は 1 以外の L の約数．
L の約数には，すくなとも $1, L, k$ がある．
$k(N+1) = \sigma(L) \geq 1 + k + L = 1 + k + kN$ なので，$k \geq 1 + k$．これは矛盾． □

1.1 完全数の数表

表 1：完全数の場合

$e \bmod 4$	e	$e+1$	$2^e * q$	a	$a \bmod 10$
1	1	2	$2 * 3$	6	6
2	2	3	$2^2 * 7$	28	8
0	4	5	$2^4 * 31$	496	6
2	6	7	$2^6 * 127$	8128	8
0	12	13	$2^{12} * 8191$	33550336 (1456)	6
0	16	17	$2^{16} * 131071$	8589869056 (Cataldi, 1588)	6
2	18	19	$2^{18} * 524287$	137438691328 (Cataldi, 1588)	8
2	30	31	A	B (Euler, 1772)	8
0	60	61	C	D (Pervushin, 1883)	6
0	88	89	E	F (Powers, 1911)	6
0	106	107	G	H (Powers 1914)	8
0	126	127	I	J (Lucas 1876)	8

$A = 2^{30} * 2147483647$

$B = 2305843008139952128$

$C = 2^{60} * 2305843009213693951$

$D = 2658455991569831744654692615953842176$

$E = 2^{88} * 618970019642690137449562111$

$F = 191561942608236107294793378084303638130997321548169216$

$G = 2^{106} * 162259276829213363391578010288127$

$H = 13164036458569648337239753460458722910223472318386943117783728128$（数字は続いている）

$I = 2^{126} * 170141183460469231731687303715884105727$

$J = 14474011154664524427946373126085988481573677491474835889066354349131199152128$（数字は続いている）

次の結果は証明できる.

> **命題 1**　a の末尾の数は 6, 8.
>
> 　q の末尾の数は 1, 7(ただし $q > 3$ を仮定する)

　最初の 4 つの完全数が見出されたのは紀元前のことであったが 15 世紀になって 5 番目の完全数が発見された.

　4 番目の完全数 8128 は 4 桁であったが, 5 番目の完全数 33550336 は 8 桁もあった.

　それから 130 年経って, 6, 7 番目がイタリアの人　Cataldi によって見出された.

　エジプトの Ismail ibn Falls (1194–1252) が 5, 6, 7 番目を発見した.(Wiki).

　1644 年、マラン・メルセンヌは素数 p で $2^p - 1$ が素数になるのは, $p \leq 257$ では $p = 2$, 3, 5, 7, 13, 17, 19, 31, 67, 127, 257 と予想.

　現在では $M_n = 2^n - 1$ メルセンヌ数、とくに素数であるものはメルセンヌ素数と呼ばれる.

　リュカは 19 年かけて 39 桁の自然数 $2^{127} - 1$ が素数であることを確かめ 77 桁の完全数を発見.

　奇数の完全数があれば, その相異なる素因子の個数は 10 以上あることは示されている (2015).

　$\sigma(a) - 2a = 0$ なら (完全数) $a = 6, 28, 496, 8128, \cdots$.

　$\sigma(a) - 2a = -1$ のとき $a = 2, 4, 8, 16, 32, 64, 128, \cdots$.

　$\sigma(a) - 2a = -1$ を満たす a を概完全数という. 概完全数は 2^e と書けるかもしれないがこれは概完全数予想で証明はできていない.

そこで，一般に考え，与えられた整数 m に対し，$\sigma(a)-2a=-m$ を満たす a を平行移動 m の完全数という．

2. 平行移動 m の完全数

命題 2　$q=2^{e+1}-1+m$ を素数とする．
　$\alpha=2^e q$ とおくと，$\sigma(\alpha)=2\alpha-m$ を満たす．

Proof

$N=2^{e+1}-1$ とおくとき，$q=N+m$

$$\sigma(\alpha)=\sigma(2^e q)=N(q+1)=Nq+N.$$

$Nq=(2^{e+1}-1)q=2\alpha-q=2\alpha-(N+m)$ により

$\sigma(\alpha)=Nq+N=2\alpha-m.$　□

そこで $\sigma(x)=2x-m$ を満たす自然数 x を平行移動 m の完全数という．平行移動を考えることにより完全数が大きな拡がりを持つようになった．

これらについては平行移動 m の完全数の表 $6p$（$p>3$：素数）となる解が多数である．

表 2：平行移動 m の完全数

a	素因数分解
$m = -14$	
272	$2^4 * 17$
$m = -12$	
24	$2^3 * 3$
54	$2 * 3^3$
30	$2 * 3 * 5$
42	$2 * 3 * 7$
66	$2 * 3 * 11$
78	$2 * 3 * 13$
102	$2 * 3 * 17$
114	$2 * 3 * 19$
138	$2 * 3 * 23$
174	$2 * 3 * 29$
186	$2 * 3 * 31$
222	$2 * 3 * 37$
246	$2 * 3 * 41$
258	$2 * 3 * 43$

　一般に定数 k に対して解が kp（p：素数が多数）と書けるとき B 型解と呼ばれる．

　$\sigma(a) = 2a - m$ の解に B 型解 kp（p：素数が多数）があるとする．

$$0 = \sigma(a) - 2a + m$$
$$= \sigma(kp) - 2kp + m$$
$$= \sigma(k)(p+1) - 2kp + m$$
$$= (\sigma(k) - 2k)p + \sigma(k) + m$$

よって

$$(\sigma(k) - 2k)p + \sigma(k) + m = 0.$$

これが複数の素数 p について成り立つので

$$\sigma(k) - 2k = 0, \ \sigma(k) + m = 0.$$

よって，　$m = -\sigma(k) = -2k.$

$\sigma(k)=2k$ を満たすので k は完全数で，　$m=-2k$, $\sigma(\alpha)=2\alpha+2k$. すなわち，$\sigma(\alpha)=2\alpha+2k$ の解として kp. これらを通常解ともいう.

このようにして，平行移動 m の完全数の B 型解から完全数が出て来たことは注目に値する.

表 3：平行移動 m の完全数

a	素因数分解
$m=-8$	
56	$2^3 * 7$
368	$2^4 * 23$
836	$2^2 * 11 * 19$
11096	$2^3 * 19 * 73$
17816	$2^3 * 17 * 131$
77744	$2^4 * 43 * 113$
45356	$2^2 * 17 * 23 * 29$
91388	$2^2 * 11 * 31 * 67$
$m=-7$	
196	$2^2 * 7^2$
$m=-6$	
8925	$3 * 5^2 * 7 * 17$
32445	$3^2 * 5 * 7 * 103$

$2^e Q$（Q：奇素数）となる解を A 型解という．$2^e QR$（$Q>R$ ：奇素数）となる解を D 型解という．これらが多いことに注目.

表4：平行移動 m の完全数

a	素因数分解
$m=-4$	
12	$2^2 * 3$
88	$2^3 * 11$
1888	$2^5 * 59$
32128	$2^7 * 251$
70	$2 * 5 * 7$
4030	$2 * 5 * 13 * 31$
5830	$2 * 5 * 11 * 53$
$m=-3$	
18	$2 * 3^2$
$m=-2$	
20	$2^2 * 5$
104	$2^3 * 13$
464	$2^4 * 29$
1952	$2^5 * 61$
650	$2 * 5^2 * 13$
$m=0$	
6	$2 * 3$
28	$2^2 * 7$
496	$2^4 * 31$
8128	$2^6 * 127$

3. ハイブリッド完全数

$q = 2^{e+1}-1+m$ を素数とする．$\alpha = 2^e q$ とおくと，$\sigma(\alpha) = 2\alpha - m$ を満たすことは示された．ここでは，$\sigma(\alpha)$ しか使われていない．

そこで無理を承知で $\varphi(\alpha)$ も使う．

$N = 2^{e+1}-1$ とおくとき，$R = N+1 = 2^{e+1}$，$q = N+m$，$\alpha = 2^e q$ に対して，

$$4\varphi(\alpha) = 2 * 2^e(q-1) = 2 * 2^e q - (N+1) = 2\alpha - (N+1) = 2\alpha - R.$$

$R = 2a - 4\varphi(\alpha)$ となり $w_2 = 2a - 4\varphi(\alpha)$, $q^* = R - 1 + m$ によって2つの不変数 w_2, q^* を定める.

w_2 を dark power, q^* を dark Mersenne number と呼ぶ. これらは今まで陽の目を見ることがなかった不変量である. そこで dark すなわち暗黒と呼ぶ.

このように w_2 と q^* を考えるときハイブリッド完全数とよぶ. $\sigma(\alpha)$ と $\varphi(\alpha)$ とが協力するのでハイブリッドという用語を用いた.

表 5：ハイブリッド完全数, $m = -12$

a	素因数分解	q^*	素因数分解	w_2	素因数分解
24	$2^3 * 3$	3	3	16	2^4
30	$2 * 3 * 5$	15	$3 * 5$	28	$2^2 * 7$
42	$2 * 3 * 7$	23	23	36	$2^2 * 3^2$
54	$2 * 3^3$	23	23	36	$2^2 * 3^2$
66	$2 * 3 * 11$	39	$3 * 13$	52	$2^2 * 13$
78	$2 * 3 * 13$	47	47	60	$2^2 * 3 * 5$
102	$2 * 3 * 17$	63	$3^2 * 7$	76	$2^2 * 19$
114	$2 * 3 * 19$	71	71	84	$2^2 * 3 * 7$
138	$2 * 3 * 23$	87	$3 * 29$	100	$2^2 * 5^2$
174	$2 * 3 * 29$	111	$3 * 37$	124	$2^2 * 31$
186	$2 * 3 * 31$	119	$7 * 17$	132	$2^2 * 3 * 11$

B 型解 $6p$ が出るが, q^* には素数や3の素数倍などがでている.

q^* が素数の場合に絞ってみた.

$a = 6p$ に対して q^* が素数のとき Q とおくと, $Q = 4p - 5$. ここでスーパー双子素数がでた.

$w_2/4$ が素数 R の場合に絞ってみたら $R = p + 2$. 双子素数がでてきた.

ハイブリッド型ハイパー完全数

1. 完全数のタイムライン

1.1　ユークリッドの完全数

　自然数 a の約数の和を記号 $\sigma(a)$ で表す.

　さて紀元前 3 世紀ごろ $\sigma(a) - 2a = 0$ を満たす数 a は完全数と呼ばれ関心を集めるようになった.

　$q = 2^{e+1} - 1$ が素数のとき $2^e q$ が完全数 (ユークリッドの完全数) となることがユークリッドの原論に記され, 2000 年もたってから数学者オイラーにより, 偶数の完全数はこの形になることが証明された.

　$\sigma(a) - 2a > 0$ を満たす数 a は過剰数, $\sigma(a) - 2a$ を過剰度という. $\sigma(a) - 2a < 0$ を満たす数 a は不足数と呼ばれた.

　$q = 2^{e+1} - 1 + m$ が素数のとき平行移動 m のメルセンヌ素数という.

　平行移動 2 のメルセンヌ素数は $q = 2^{e+1} + 1$ が素数なのでフェルマー素数になる.

　$q = 2^{e+1} - 1 + m$ が素数のとき $2^e q$ は $\sigma(a) - 2a = -m$ を満たす.

　そこで $\sigma(a) - 2a = -m$ を満たす数 a を平行移動 m の完全数という.

1.2 究極の完全数

$q = 2^{e+1} - 1 + m$ が素数のときを考えてきたが 2 を奇素数 P に変更する.

$m, e > 0$ を与えて, $q = \sigma(P^e) + m$ を素数と仮定する. $a = P^e q$ を底 P をもつ狭義の完全数という.

そこで $a = P^e q$ の満たす式を探して次の式をえた.

$$\overline{P}\sigma(a) = a\overline{P} - m\overline{P} + q(P-2). \tag{1}$$

ここで $\overline{P} = P - 1$ とおいた. $P > 2$ のとき, q が消えないので少し困る.

普通 $q > P$ なので $a = P^e q$ において, q は a の最大素因子になる.

そこで $\mathrm{Maxp}(a)$ を a の最大素因子を示す記号として新規に導入すると

$$\overline{P}\sigma(a) = aP - m\overline{P} + \mathrm{Maxp}(a)(P-2) \tag{2}$$

定義 1 式 (2) をみたす a を平行移動 m の究極の完全数という.

1.3 至高の完全数

しかし, このような一般化とは別にオイラー関数 $\varphi(a)$ を使う手がある.

$a = P^e q$ のとき

$$P^2 \varphi(a) = P^2 \varphi(P^e q)$$
$$= \overline{P} R(q-1)$$
$$= \overline{P} P a - \overline{P} R$$

ここで $R = P^{e+1}$ とおいた. さてこれを用いると

$$\overline{P}^3\sigma(\alpha)+(P-2)P^2\varphi(\alpha)-P(P-1)(2P-3)a$$
$$=-\overline{P}(m\overline{P}+(P-2)).$$

この方程式の解 α を至高の完全数 (supreme perfect numbers) と呼ぶ.

これはまだ研究が十分できていない. 定義と名前だけできた段階である. しかし次に述べる一般化の完全数はよりよいかもしれない.

2. ハイブリッド型ハイパー完全数の定義

素数 P を底とする平行移動 m のハイブリッド型ハイパー完全数の定義をしよう.

素数 P を固定して考えこれを底 (base) とし整数 m について $q=P^{e+1}-P+1+m$ は素数と仮定する. これを, 底は素数 P, 平行移動 m の準メルセンヌ素数という.

$a=P^e$ とするとき $\overline{P}\sigma(a)=R-1$, $q=R-1-P+m$ となる.

$\alpha=P^e q$ (狭義のハイパー完全数) とおくとき,

$(RP=P\alpha,\ q=R-P+1+m$ に注意.)

$$\overline{P}\sigma(\alpha)=(R-1)(q+1)=Rq-q+R-1=P\alpha+P-2-m$$

によって

$$\overline{P}\sigma(\alpha)=P\alpha+P-2-m \tag{3}$$

を底 P, 平行移動 m のハイブリッド型ハイパー完全数の定義方程式という.

式 (3) を満たす α をハイブリッド型ハイパー完全数という.

以下ではハイブリッド型とよぶ理由を説明する.

定義式では，$\sigma(\alpha)$ しか使われていない．そこで無理して $\varphi(\alpha)$ を使う.

$\alpha = P^e q$ に対して，

$$P^2 \varphi(\alpha) = \overline{P}P * P^e(q-1) = \overline{P}P * P^e q - \overline{P}R = \overline{P}P\alpha - \overline{P}R.$$

よって

$$\overline{P}R = \overline{P}P\alpha - P^2 \varphi(\alpha). \tag{4}$$

右辺は α によって決定される数である.

$\alpha = P^e q$ とおいたことを完全に忘れ α は $\overline{P}\sigma(\alpha) = P\alpha + P - 2 - m$ を満たす数ということだけを使う.

したがって，$\overline{P}R = \overline{P}P\alpha - P^2\varphi(\alpha)$ はもはや成立しないと思う.

しかし $w_2 = \overline{P}P\alpha - P^2\varphi(\alpha)$ を $\overline{P}R$ の代用品とみなす.

$q = P^{e+1} - P + 1 + m = R - \overline{P} + m$ に $\overline{P}$ をかけて

$$\overline{P}q = \overline{P}R - \overline{P}(\overline{P}-m) \tag{5}$$

式 (5) において $\overline{P}R$ の代わりに w_2 を使って得た $w_2 - \overline{P}(\overline{P}-m)$ を $\overline{P}q$ の身代わりと思い，$Q^* = w_2 - \overline{P}(\overline{P}-m)$ とおき，この式で Q^* を定義する.

（ここでは $\overline{P}$ を掛けて定義した．これは割り算を避ける便法である）.

かくして導入された不変数 w_2 を dark power（暗黒のべき，力），Q^* を dark Mersenne number（暗黒のメルセンヌ数）と呼ぶ.

その心は闇の世界に光をあてて，見えてきた 2 つの不変数を今後のハイパー完全数の研究に材料にしようということにある．これらを考えるとき α をハイブリッド型ハイパー完全数とよぶ.

注意 1 次は基本予想：

$$w_2 \equiv Q^* \equiv 0 \bmod \overline{P}$$

これが成り立てば，w_2 と Q^* を $\overline{P}$ を除いて定義できる．

2.1 基本的命題

次の命題は基本的である．

命題 1 $\overline{P}\sigma(\alpha)=P\alpha+P-2-m$ の解 α が A 型とする．

すなわち，$\alpha=P^\varepsilon Q$，（Q：素数，$Q\neq P$）とかけるとき $Q=P^{\varepsilon+1}-P+1+m$ となる．

$w_2=\overline{P}P^{\varepsilon+1}$，$Q^*=\overline{P}Q$ となる．

■ *Proof*

$\alpha=P^\varepsilon Q$，$R_1=P^{\varepsilon+1}$ とおくとき，

$$\overline{P}\sigma(\alpha)=(P*P^\varepsilon-1)(Q+1)=QP*P^\varepsilon-Q+P*P^\varepsilon-1.$$

$\alpha=P^\varepsilon Q$ を定義式の右辺 $P\alpha+P-2-m$ に代入すれば，

$$P\alpha+P-2-m=Q*P*P^\varepsilon+P-2-mQR_1+P-2-m.$$ かくて

$$QR_1-Q+P*P^\varepsilon-1=QR_1+P-2-m.$$

よって

$$-Q+R_1-1=P-2-m.$$

ゆえに，$Q=R_1-P+1+m=P^{\varepsilon+1}-P+1+m$．

つぎに $w_2=\overline{P}P\alpha-P^2\varphi(\alpha)$ をこの式で計算する．

$$w_2=\overline{P}P\alpha-P^2\varphi(\alpha)=\overline{P}R_1Q-P^2\varphi(P^\varepsilon Q).$$

$P^2\varphi(P^\varepsilon Q)=\overline{P}R_1(Q-1)=Q\overline{P}R_1-\overline{P}R_1$ によって，

$$w_2=\overline{P}R_1Q-(Q\overline{P}R_1-\overline{P}R_1)=\overline{P}R_1.$$

$$Q^*=w_2-\overline{P}(\overline{P}-m)=\overline{P}R_1-\overline{P}(\overline{P}-m)$$

よって $Q^* = \overline{P}(R_1 - \overline{P} + m) = \overline{P}Q$ なので $Q^* = \overline{P}Q$ が成り立つ. □

注意2 P と異なる素数 q, r によって書ける解 $\alpha = P^\varepsilon qr$ を D 型解という.

$B = qr,\ \Delta = q + rR_1 = P^{\varepsilon+1}$ を使う.

$w_2 = \overline{P}P\alpha - P^2\varphi(\alpha) = \overline{P}R_1 B - \overline{P}R_1(B - \Delta + 1) = \overline{P}R_1(\Delta - 1).$

なので,

$$w_2 = \overline{P}R_1(\Delta - 1),\ Q^* = \overline{P}(R_1(\Delta - 1) - (\overline{P} - m)).$$

3. 固有完全数

$\overline{P}\sigma(\alpha) = P\alpha + P - 2 - m$ が B 型解, すなわち定数 k があって kq が複数個の素数 q について解になるとき

$$\overline{P}\sigma(\alpha) = \overline{P}\sigma(kq) = \overline{P}\sigma(k)(q + 1),$$
$$P\alpha + P - 2 - m = Pkq + P - 2 - m$$

なので

$$\overline{P}\sigma(k)(q + 1) = Pkq + P - 2 - m$$
$$(\overline{P}\sigma(k) - Pk)q = -\overline{P}\sigma(k) + P - 2 - m$$

q について 1 次式だが複数個の解をもつので

$$\overline{P}\sigma(k) - kP = 0,\ -\overline{P}\sigma(k) + P - 2 - m = 0$$

を満たす.

$\overline{P}\sigma(k) - kP = 0$ の解 k をハイブリッド型ハイパー完全数の固有完全数と呼ぶ.

$P = 2$ のとき $\sigma(k) - 2k = 0$ になる. k は古典的完全数になる.

> **命題2** ハイブリッド型ハイパー完全数の固有完全数は
> $P = 2$ なら古典的完全数.
>
> $P > 2$ のとき $P = 3$, $k = 2$ になる.

■ *Proof*

$\overline{P}\sigma(k) - kP = 0$ を変形して

$$\frac{\overline{P}}{P} = \frac{\sigma(k)}{k}$$

$\dfrac{\overline{P}}{P}$ は既約分数なので λ があり,

$$\sigma(k) = \lambda P,\ k = \lambda\overline{P}$$

を満たす.

i. $\lambda > 1$ の場合は, $k = \lambda\overline{P}$ の約数には $1, \lambda, k = \lambda\overline{P}$ などある.

従って $k > \lambda$ により $\sigma(k) \geqq 1 + \lambda + k = 1 + \lambda + \lambda\overline{P}$.

一方, $\sigma(k) = \lambda P = \lambda + \lambda\overline{P}$. これは上の式に矛盾.

ii. $\lambda = 1$ の場合は, $k = \overline{P} = P - 1$, $\sigma(k) = P = k + 1$.

k は素数, $P = 1 + k$ も素数, $k = 2$, $P = 3$. □

さてここで, $\overline{P}\sigma(\alpha) = P\alpha + P - 2 - m$ に代入すると, $2\sigma(\alpha) = 3\alpha + 1 - m$.

$\alpha = kq = 2q$ が解なので $2\sigma(\alpha) = 6(q+1)$, $3\alpha + 1 - m = 6q + 1 - m$ でこれらは等しいことより $m = -5$.

したがって,

$$2\sigma(\alpha) = 3\alpha + 6. \tag{6}$$

この解は $6, 8, 10, 14, \cdots, 2p : p > 2$:素数).

次に不変数 Q^*, w_2 を求める.

$P = 3$ なので定義により $w_2 = \overline{P}P\alpha - P^2\varphi(\alpha) = 6\alpha - 9\varphi(\alpha)$.

$\alpha = 8$ のとき，$w_2 = 48 - 9 * 4 = 12$.

$\alpha = 2p$ のとき，$w_2 = 12p - 9 * (p-1) = 3p + 9 = 3(p+3)$. $p+3$ は偶数なので $p+3 = 2r$ とおくと，$w_2 = 6r$. r が素数なら (r, p) $(p = 2r - 3)$ はスーパー双子素数.

$Q^* = w_2 - \overline{P}(\overline{P} - m) = w_2 - 2(2+5) = 2(3r-7)$.

本来，Q^* は偶数であってしかるべきものである．$Q^* = 2q$ とおくとき $q = 3r - 7$.

$p + 3 = 2r$ を使うと，$2q = 3p - 5$．ここで q が素数なら (p, q)：素数共鳴の関係になる [*1]．r は偶数なので $r = 2r_0$．よって $q = 6r_0 - 7$．r_0 が素数なら $q = 6r_0 - 7$ により (q, r_0) はスーパー双子素数.

式 (6) は見覚えのある式である．定年退職して高校生に数学研究の材料を探した．数学の好きな高校生は完全数をしたい，という．

そこで，偶数完全数の決定を行ったオイラーの証明を検討した．

a が素数になる条件は $\sigma(a) = a + 1$ であることが使われていた．そこで，a が素数の 2 倍になる条件を問題として出すことにした．

$a = 2p, (p：奇素数)$ とすれば

$\sigma(a) = \sigma(2p) = 3(p+1) = 3(a/2+1)$.

これより $2\sigma(a) = 3a + 6$.

これを満たす a をパソコンで求めると，$2p$ 以外に 8 があった．

証明もできた．のちに $a = mp$ について考えることになった．

$m = 6$ の場合は超難しい問題になる．これは高橋洋翔君がお

[*1] 整数定数 α, β, γ があり，多くの素数 p, q について $\alpha p + q \beta = \gamma$ が成り立つとき素数 (p, q) は共鳴関係にあるという．

おいに興味を持った問題である．

$p = 3$, $m = -5$ のときの計算結果を載せる．

表 1：ハイブリッド型ハイパー完全数，$P = 3$, $m = -5$

$a = 2p$	素因数分解	$Q^* = 2q$	素因数分解	$w_2 = 2r$	素因数分解
$m = -5$					
6	$2*3$	4	2^2	18	$2*3^2$
8	2^3	-2	-2	12	2^2*3
10	$2*5$	10	$2*5$	24	2^3*3
14	$2*7$	16	2^4	30	$2*3*5$
22	$2*11$	28	2^2*7	42	$2*3*7$
26	$2*13$	34	$2*17$	48	2^4*3
34	$2*17$	46	$2*23$	60	2^2*3*5
38	$2*19$	52	2^2*13	66	$2*3*11$
46	$2*23$	64	2^6	78	$2*3*13$
58	$2*29$	82	$2*41$	96	2^5*3
62	$2*31$	88	2^3*11	102	$2*3*17$
74	$2*37$	106	$2*53$	120	2^3*3*5
82	$2*41$	118	$2*59$	132	2^2*3*11
86	$2*43$	124	2^2*31	138	$2*3*23$
94	$2*47$	136	2^3*17	150	$2*3*5^2$
106	$2*53$	154	$2*7*11$	168	2^3*3*7
118	$2*59$	172	2^2*43	186	$2*3*31$
122	$2*61$	178	$2*89$	192	2^6*3

$Q^* = 2q$,（q：素数の場合）の結果を以下で考察する．

$a = p$, $r = w_2/6$ について p, q, r の関係を調べた．

$2q = 3p - 5$ なので (p, q) は素数共鳴になっている．$r = w_2/6$ について $p+3 = 2r$ なので r が素数ならスーパー双子素数．

$Q^* = w_2 - 2(2+5) = 6r - 2(2+5) = 2(3r-7) = 2q$．

よって $q = 3r - 7$．

表 2：ハイブリッド型ハイパー完全数, $P = 3$, $m = -5$, $q = Q^*/2$

Q^*	q	p	$(3p-5)/2$	$r-w_2/6$	p	$p+3-2r$
$2*5$	5	5	5	4	5	8
$2*17$	17	13	17	8	13	16
$2*23$	23	17	23	10	17	20
$2*41$	41	29	41	16	29	32
$2*53$	53	37	53	20	37	40
$2*59$	59	41	59	22	41	44
$2*89$	89	61	89	32	61	64
$2*107$	107	73	107	38	73	76
$2*131$	131	89	131	46	89	92
$2*149$	149	101	149	52	101	104
$2*167$	167	113	167	58	113	116
$2*233$	233	157	233	80	157	160
$2*269$	269	181	269	92	181	184
$2*293$	293	197	293	100	197	200
$2*347$	347	233	347	118	233	236
$2*359$	359	241	359	122	241	244

$P = 3$, $m = -8, -6$ などの計算結果を載せる.

表 3 : ハイブリッド型ハイパー完全数, $P = 3$, $m = -8, -6, \cdots, 4$

a	素因数分解	Q^*	素因数分解	w_2	素因数分解
$m = -8$					
153	$3^2 * 17$	34	$2 * 17$	54	$2 * 3^3$
$m = -6$					
171	$3^2 * 19$	38	$2 * 19$	54	$2 * 3^3$
$m = -2$					
15	$3 * 5$	10	$2 * 5$	18	$2 * 3^2$
207	$3^2 * 23$	46	$2 * 23$	54	$2 * 3^3$
$m = -1$					
4	2^2	0	0	6	$2 * 3$
$m = 0$					
21	$3 * 7$	14	$2 * 7$	18	$2 * 3^2$
$m = 1$					
2	2	1	1	3	3
$m = 2$					
3	3	0	0	0	0
9	3^2	0	0	0	0
27	3^3	0	0	0	0
$m = 4$					
5	5	-2	-2	-6	$-2 * 3$
33	$3 * 11$	22	$2 * 11$	18	$2 * 3^2$
261	$3^2 * 29$	58	$2 * 29$	54	$2 * 3^3$
385	$5 * 7 * 11$	154	$2 * 7 * 11$	150	$2 * 3 * 5^2$

$m = 2$ のとき, 解は 3^e. 方程式は $2\sigma(\alpha) = 3\alpha + 1 - 2$.

スーパー双子素数が乱舞する新世界

　平行移動 m の完全数の定義式 $\sigma(\alpha)=2\alpha-m$ の解が B 型とする．すなわち，定数 k があり複数個の素数 $q(q \nmid k)$ について $\alpha=kq$ が解となる．このとき B 型解といい通常解ともいう．これはもっとも重要な解である．

　$\sigma(\alpha)-2\alpha+m=0$ に $\alpha=kq$ を代入すると

　$o=\sigma(kq)-2kq+m=(\sigma(k)-2k)q+\sigma(k)+m$ となり，これは q についての 1 次方程式とみなせる．

　これが複数個の解 q を持つのだから係数はすべて 0．

$$\sigma(k)-2k=0, \ \sigma(k)+m=0.$$

　$\sigma(k)=2k$ から k は完全数で，$m=-\sigma(k)=-2k$．これが宇宙定数項であり，$m=-2k$ のときの方程式

　$\sigma(\alpha)=2\alpha+2k$ の解を宇宙完全数という．

　次に暗黒の 2 べき w_2 と暗黒のメセルセンヌ数 Q^* を宇宙完全数 α を用いて $w_2=2(\alpha-2\varphi(\alpha))$，$Q^*=w_2+m$ で定義する．

> **命題 1**　α が $\sigma(\alpha)=2\alpha-m$ の A 型解 $2^\varepsilon Q$，$(Q$：素数$)$ ならば $Q=2^{\varepsilon+1}-1+m$．かつ $w_2=2^{\varepsilon+1}$，$Q^*=Q$．

証明は容易．

　A 型解なら w_2 は 2 べき，Q^* はメセルセンヌ素数になるのである．

1. 第 1 完全数のとき, $m = -12$

$-m/2$ が第 1 完全数 $k = 6$ の場合.

この場合の解は次の通りでこれを見て考える.

表 1：第 1 完全数 6, $m = -12$ のとき

$a = 6p$	素因数分解	w_2	素因数分解	Q^*	素因数分解
30	$2 * 3 * 5$	14	$2 * 7$	15	$3 * 5$
42	$2 * 3 * 7$	18	$2 * 3^2$	23	23
66	$2 * 3 * 11$	26	$2 * 13$	39	$3 * 13$
78	$2 * 3 * 13$	30	$2 * 3 * 5$	47	47
102	$2 * 3 * 17$	38	$2 * 19$	63	$3^2 * 7$
114	$2 * 3 * 19$	42	$2 * 3 * 7$	71	71
138	$2 * 3 * 23$	50	$2 * 5^2$	87	$3 * 29$
174	$2 * 3 * 29$	62	$2 * 31$	111	$3 * 37$
186	$2 * 3 * 31$	66	$2 * 3 * 11$	119	$7 * 17$
222	$2 * 3 * 37$	78	$2 * 3 * 13$	143	$11 * 13$
246	$2 * 3 * 41$	86	$2 * 43$	159	$3 * 53$
258	$2 * 3 * 43$	90	$2 * 3^2 * 5$	167	167
282	$2 * 3 * 47$	98	$2 * 7^2$	183	$3 * 61$
318	$2 * 3 * 53$	110	$2 * 5 * 11$	207	$3^2 * 23$
354	$2 * 3 * 59$	122	$2 * 61$	231	$3 * 7 * 11$
366	$2 * 3 * 61$	126	$2 * 3^2 * 7$	239	239
402	$2 * 3 * 67$	138	$2 * 3 * 23$	263	263
426	$2 * 3 * 71$	146	$2 * 73$	279	$3^2 * 31$
438	$2 * 3 * 73$	150	$2 * 3 * 5^2$	287	$7 * 41$
474	$2 * 3 * 79$	162	$2 * 3^4$	311	311
498	$2 * 3 * 83$	170	$2 * 5 * 17$	327	$3 * 109$
534	$2 * 3 * 89$	182	$2 * 7 * 13$	351	$3^3 * 13$
582	$2 * 3 * 97$	198	$2 * 3^2 * 11$	383	383
24	$2^3 * 3$	8	2^3	3	3
54	$2 * 3^3$	18	$2 * 3^2$	23	23
304	$2^4 * 19$	16	2^4	19	19

w_2 に注目する．$w_2 = 2r$ と素数 r で書ける場合に限って見てみると $r=7$, $p=5$；$r=13$, $p=11$ などがあり，$r=p+2$ を満たす．すなわち (r, p) は双子素数である．$w_2 = 6t$ と素数 t で書ける場合 (p, t) の関係を調べることは興味深い．読者への課題としたい．

次いで通常解 $\alpha = 6p$ の素数 p と Q^* が素数 q になる場合を見てみよう．

表2：第1完全数 6, $m=-12$, $Q^*=q$：

$\alpha = 6p$	素因数分解	w_2	素因数分解	$Q^*=q$	素因数分解
42	$2*3*7$	18	$2*3^2$	23	23
78	$2*3*13$	30	$2*3*5$	47	47
114	$2*3*19$	42	$2*3*7$	71	71
258	$2*3*43$	90	$2*3^2*5$	167	167
366	$2*3*61$	126	$2*3^2*7$	239	239
402	$2*3*67$	138	$2*3*23$	263	263
474	$2*3*79$	162	$2*3^4$	311	311
582	$2*3*97$	198	$2*3^2*11$	383	383

この表から $(p, q) = (7, 23)$, $(13, 47)$, $(19, 71)$, $(43, 167)$, $(61, 239)$ などとなる．

これは双子素数より難しそうなので，1次式の関係になるだろうと検討をつけて，定数 β, γ を用いて $q = \beta p + \gamma$ とおき，2元連立方程式として解く．

$23 = 7\beta + \gamma$, $47 = 13\beta + \gamma$ を解くと，$\beta = 4$, $\gamma = -5$．すなわち $q = 4p - 5$．このように，2つの素数が1次式で表されるときスーパー双子素数（super twin primes）という．

$Q^* = 3t$ と素数 t で書ける場合に (p, t) の関係を調べることも読者への課題としたい．

2. 第2完全数 28 のとき, $m = -56$

第2完全数 28 について考える. $m = -56$ のときを調べればよい.

表3：宇宙完全数, $m = -56$

$\alpha = 28p$	素因数分解	w_2	素因数分解	Q^*	素因数分解
84	$2^2 * 3 * 7$	36	$2^2 * 3^2$	15	$3 * 5$
140	$2^2 * 5 * 7$	44	$2^2 * 11$	31	31
308	$2^2 * 7 * 11$	68	$2^2 * 17$	79	79
364	$2^2 * 7 * 13$	76	$2^2 * 19$	95	$5 * 19$
476	$2^2 * 7 * 17$	92	$2^2 * 23$	127	127
532	$2^2 * 7 * 19$	100	$2^2 * 5^2$	143	$11 * 13$
644	$2^2 * 7 * 23$	116	$2^2 * 29$	175	$5^2 * 7$
812	$2^2 * 7 * 29$	140	$2^2 * 5 * 7$	223	223
868	$2^2 * 7 * 31$	148	$2^2 * 37$	239	239
1036	$2^2 * 7 * 37$	172	$2^2 * 43$	287	$7 * 41$
1148	$2^2 * 7 * 41$	188	$2^2 * 47$	319	$11 * 29$
1204	$2^2 * 7 * 43$	196	$2^2 * 7^2$	335	$5 * 67$
1316	$2^2 * 7 * 47$	212	$2^2 * 53$	367	367
1484	$2^2 * 7 * 53$	236	$2^2 * 59$	415	$5 * 83$
1652	$2^2 * 7 * 59$	260	$2^2 * 5 * 13$	463	463
1708	$2^2 * 7 * 61$	268	$2^2 * 67$	479	479
1876	$2^2 * 7 * 67$	292	$2^2 * 73$	527	$17 * 31$
224	$2^5 * 7$	32	2^5	7	7
1372	$2^2 * 7^3$	196	$2^2 * 7^2$	335	$5 * 67$

$w_2 = 4t$, (p, t : 素数) のときが面白そうなのでそこだけ取り出して表にしてみた.

表 4：宇宙完全数，　$m = -56,\ w_2 = 4t$ の場合

$\alpha = 28p$	素因数分解	w_2	素因数分解	Q^*	素因数分解
140	$2^2 * 5 * 7$	44	$2^2 * 11$	31	31
308	$2^2 * 7 * 11$	68	$2^2 * 17$	79	79
364	$2^2 * 7 * 13$	76	$2^2 * 19$	95	$5 * 19$
476	$2^2 2 * 7 * 17$	92	$2^2 * 23$	127	127
644	$2^2 * 7 * 23$	116	$2^2 * 29$	175	$5^2 * 7$
868	$2^2 * 7 * 31$	148	$2^2 * 37$	239	239
1036	$2^2 * 7 * 37$	172	$2^2 * 43$	287	$7 * 41$
1148	$2^2 * 7 * 41$	188	$2^2 * 47$	319	$11 * 29$
1316	$2^2 * 7 * 47$	212	$2^2 * 53$	367	367
1484	$2^2 * 7 * 53$	236	$2^2 * 59$	415	$5 * 83$
1708	$2^2 * 7 * 61$	268	$2^2 * 67$	479	479
1876	$2^2 * 7 * 67$	292	$2^2 * 73$	527	$17 * 31$
224	$2^5 * 7$	32	2^5	7	7
1372	$2^2 * 7^3$	196	$2^2 * 7^2$	335	$5 * 67$

$\alpha = 28p,\ t = p+6.$　となることがわかるであろう．このような (p, t) を sexy primes という．

$r = p+4$ となる素数のペアを従妹素数（cousin primes）という．

双子素数から派生した偶数だけ平行移動した素数のペアは Hardy と Littlewood も研究した．

第 2 完全数についての暗黒の 2 べき（dark power）から sexy primes が出たのが不思議でならない．

3. $m=-56,\ Q^*=q$: のとき

$Q^*=q$ 素数の場合に限った数表を載せる.

表5：$m=-56,\ Q^*=q$：素数

$\alpha=28p$	素因数分解	w_2	素因数分解	$Q^*=q$ 素数	素因数分解
140	2^2*5*7	44	2^2*11	31	31
308	2^2*7*11	68	2^2*17	79	79
476	2^2*7*17	92	2^2*23	127	127
812	2^2*7*29	140	2^2*5*7	223	223
868	2^2*7*31	148	2^2*37	239	239
1316	2^2*7*47	212	2^2*53	367	367
1652	2^2*7*59	260	2^2*5*13	463	463
1708	2^2*7*61	268	2^2*67	479	479

4. 完全数の暗黒メルセンヌ数

一般に k が完全数のとき $k=2^\varepsilon\rho,\ \rho=2^{\varepsilon+1}-1$：素数と書ける.

$m=-2k$ のとき $\sigma(\alpha)=2\alpha-m$ には B 型解 $\alpha=kp$ がある.

以下で $w_2,\ Q^*$ の計算を行う.

$\alpha=kp,\ \varphi(k)=\varphi(2^\varepsilon\rho)=2^{\varepsilon-1}(\rho-1)$

$$4\varphi(\alpha)=4\varphi(kp)$$
$$=2^{\varepsilon+1}(\rho-1)(p-1)$$
$$=2^{\varepsilon+1}(\rho p-p-\rho+1)$$
$$w_2=2\alpha-4\varphi(\alpha)$$
$$=2*2^\varepsilon\rho p-2^{\varepsilon+1}(\rho p-p-\rho+1)$$
$$=2^{\varepsilon+1}(\rho+p-1).$$

$r = p - 1 + \rho$ とおくとき $w_2 = 2^{\varepsilon+1} r$.

r を素数と仮定すると, $r = p + \rho - 1$, (r, p) はスーパー双子素数.

$w_2 = 2^{\varepsilon+1}(p - 1 + \rho)$ によって

$$
\begin{aligned}
Q^* &= w_2 + m - 1 \\
&= w_2 - 2k - 1 \\
&= w_2 - 2^{\varepsilon+1} \rho - 1 \\
&= 2^{\varepsilon+1}(p - 1 + \rho) - 2^{\varepsilon+1} \rho - 1 \\
&= 2^{\varepsilon+1}(p - 1) - 1.
\end{aligned}
$$

$Q^* = q$ が素数のとき $Q^* = q = 2^{\varepsilon+1} p - 1 - 2^{\varepsilon+1}$ となり (q, p) はスーパー双子素数.

1. $k = 6$ のとき $\varepsilon = 1$, $q = 4p - 5$,

2. $k = 28$ のとき $\varepsilon = 2$, $q = 8p - 9$.

3. $k = 496$ のとき $\varepsilon = 4$, $q = 32p - 33$.

ここまで分かると, ネタばれであるがつぎに第3完全数, 第4完全数の数表を載せるので読者におかれてはこの表からスーパー双子素数を見つけてほしい.

4.1 第3完全数のとき

表6：宇宙完全数，　$m = -2 * 496$

$a = 496p$	素因数分解	w_2	素因数分解	Q^*	素因数分解
1488	$2^4 * 3 * 31$	528	$2^4 * 3 * 11$	63	$3^2 * 7$
2480	$2^4 * 5 * 31$	560	$2^4 * 5 * 7$	127	127
3472	$2^4 * 7 * 31$	592	$2^4 * 37$	191	191
5456	$2^4 * 11 * 31$	656	$2^4 * 41$	319	$11 * 29$
6448	$2^4 * 13 * 31$	688	$2^4 * 43$	383	383
8432	$2^4 * 17 * 31$	752	$2^4 * 47$	511	$7 * 73$
9424	$2^4 * 19 * 31$	784	$2^4 * 7^2$	575	$5^2 * 23$
11408	$2^4 * 23 * 31$	848	$2^4 * 53$	703	$19 * 37$
14384	$2^4 * 29 * 31$	944	$2^4 * 59$	895	$5 * 179$
18352	$2^4 * 31 * 37$	1072	$2^4 * 67$	1151	1151
20336	$2^4 * 31 * 41$	1136	$2^4 * 71$	1279	1279
21328	$2^4 * 31 * 43$	1168	$2^4 * 73$	1343	$17 * 79$
23312	$2^4 * 31 * 47$	1232	$2^4 * 7 * 11$	1471	1471
26288	$2^4 * 31 * 53$	1328	$2^4 * 83$	1663	1663
29264	$2^4 * 31 * 59$	1424	$2^4 * 89$	1855	$5 * 7 * 53$
30256	$2^4 * 31 * 61$	1456	$2^4 * 7 * 13$	1919	$19 * 101$
33232	$2^4 * 31 * 67$	1552	$2^4 * 97$	2111	2111
35216	$2^4 * 31 * 71$	1616	$2^4 * 101$	2239	2239
36208	$2^4 * 31 * 73$	1648	$2^4 * 103$	2303	$7^2 * 47$
39184	$2^4 * 31 * 79$	1744	$2^4 * 109$	2495	$5 * 499$
41168	$2^4 * 31 * 83$	1808	$2^4 * 113$	2623	$43 * 61$
44144	$2^4 * 31 * 89$	1904	$2^4 * 7 * 17$	2815	$5 * 563$
2892	$2^2 * 3 * 241$	972	$2^2 * 3^5$	951	$3 * 317$
6104	$2^3 * 7 * 109$	920	$2^3 * 5 * 23$	847	$7 * 11^2$
15872	$2^9 * 31$	512	2^9	31	31

課題　$a = 2^4 * 31 * p$, $Q^* = 5t$；$(t, p：素数)$のとき (t, p) の関係式は何か．

4.2 第4完全数のとき

表7：宇宙完全数，$m = -2*8128$

$\alpha = 8128p$	素因数分解	w_2	素因数分解	Q^*	素因数分解
24384	$2^6 * 3 * 127$	8256	$2^6 * 3 * 43$	255	$3 * 5 * 17$
40640	$2^6 * 5 * 127$	8384	$2^6 * 131$	511	$7 * 73$
56896	$2^6 * 7 * 127$	8512	$2^6 * 7 * 19$	767	$13 * 59$
89408	$2^6 * 11 * 127$	8768	$2^6 * 137$	1279	1279
105664	$2^6 * 13 * 127$	8896	$2^6 * 139$	1535	$5 * 307$
138176	$2^6 * 17 * 127$	9152	$2^6 * 11 * 13$	2047	$23 * 89$
154432	$2^6 * 19 * 127$	9280	$2^6 * 5 * 29$	2303	$7^2 * 47$
186944	$2^6 * 23 * 127$	9536	$2^6 * 149$	2815	$5 * 563$
235712	$2^6 * 29 * 127$	9920	$2^6 * 5 * 31$	3583	3583
251968	$2^6 * 31 * 127$	10048	$2^6 * 157$	3839	$11 * 349$
300736	$2^6 * 37 * 127$	10432	$2^6 * 163$	4607	$17 * 271$
333248	$2^6 * 41 * 127$	10688	$2^6 * 167$	5119	5119
349504	$2^6 * 43 * 127$	10816	$2^6 * 13^2$	5375	$5^3 * 43$
382016	$2^6 * 47 * 127$	11072	$2^6 * 173$	5887	$7 * 29^2$
430784	$2^6 * 53 * 127$	11456	$2^6 * 179$	6655	$5 * 11^3$
479552	$2^6 * 59 * 127$	11840	$2^6 * 5 * 37$	7423	$13 * 571$
495808	$2^6 * 61 * 127$	11968	$2^6 * 11 * 17$	7679	$7 * 1097$
544576	$2^6 * 67 * 127$	12352	$2^6 * 193$	8447	8447
577088	$2^6 * 71 * 127$	12608	$2^6 * 197$	8959	$17^2 * 31$
593344	$2^6 * 73 * 127$	12736	$2^6 * 199$	9215	$5 * 19 * 97$
642112	$2^6 * 79 * 127$	13120	$2^6 * 5 * 41$	9983	$67 * 149$
674624	$2^6 * 83 * 127$	13376	$2^6 * 11 * 19$	10495	$5 * 2099$
723392	$2^6 * 89 * 127$	13760	$2^6 * 5 * 43$	11263	$7 * 1609$
48684	$2^2 * 3 * 4057$	16236	$2^2 * 3^2 * 11 * 41$	16215	$3 * 5 * 23 * 47$
112952	$2^3 * 7 * 2017$	16184	$2^3 * 7 * 17^2$	16111	16111
353672	$2^3 * 11 * 4019$	32232	$2^3 * 3 * 17 * 79$	48207	$3 * 16069$
396112	$2^4 * 19 * 1303$	21136	$2^4 * 1321$	26015	$5 * 11^2 * 43$

Q^* が素数 q なら $q = 128p - 129$

課題 $\alpha = 2^6 * 127 * p,\ Q^* = 7t;\ (t, p : 素数)$ のとき (t, p) の関係式は何か.

2. 劣完全数の素敵な世界

完全数が劣完全数に進化

1. ユークリッドの完全数

ユークリッドの完全数の定義は次のとおり.

$p = 2^{e+1} - 1$ が素数のとき $a = 2^e p$ をユークリッドの完全数という.

m だけ平行移動した場合も考える.

$p = 2^{e+1} - 1 + m$ が素数のとき $a = 2^e p$ を m だけ平行移動したユークリッドの完全数という.

$\sigma(a)$ で自然数 a の約数の和を示す. $\sigma(a)$ をユークリッド関数という.

a が m だけ平行移動したユークリッドの完全数のとき $\sigma(a) = 2a - m$ を満たす.

与えられた m について $\sigma(a) = 2a - m$ を満たす a がどのくらいあるかを調べることは非常に困難な課題である. $m = 0$ の場合が完全数の決定問題で現代数学では解決できないのではないかと思うほど難しい.

2. 劣完全数

ここで $p = 2^{e+1} - 1 + m$ の 2 を奇素数 P に変更し $q = P^{e+1} - 1 + m$ が素数のとき $a = P^e q$ を底 P，平行移動 m の狭義の劣完全数（subperfect number）といい，このときの q をサブ素数（subprime number）という．

次に劣完全数の満たす方程式の導入を行う．$\overline{P} = P - 1$ という記号は今後もよく使う．

劣完全数 $a = P^e q$ について

$$\overline{P} \sigma(a) = \overline{P} \sigma(P^e q) = (P^{e+1} - 1)(q + 1)$$

$N = P^{e+1} - 1$ とおくと，$q = P^{e+1} - 1 + m = N + m$.

$\overline{P} \sigma(a) = N(q+1) = Nq + N$ になるが $Nq + N = P^{e+1} q - q + N$ $= Pa - q + N$，$q = N + m$ なので

$$\overline{P} \sigma(a) = Pa - m.$$

究極の完全数の場合の方程式に比べて簡明な式になった．

この方程式の解を底 P，平行移動 m の広義の劣完全数（subperfect number with translation parameter m）というのである．広義の劣完全数を簡単に劣完全数という．

$P > 2$ なら，$m = 0$ のとき $q = P^{e+1} - 1 + m$ は素数にならない．しかし，例外が 1 つだけある．$e = 0, P = 3$ のとき，$q = 2$ は素数で $a = 2$ となる．

m によっては $P^{e+1} - 1 + m$ は素数になりうるのでこのように劣完全数を定義しても一向構わないのである．

$e > 0$ のとき $q = P^{e+1} - 1$ は素数にならないという難点を克服するために $P^{e+1} - 1$ の代わりに $\sigma(P^e)$ を使うこともできる．$q = \sigma(P^e) + m$ が素数のとき $a = P^e q$ を考えればよく，これを究

極の完全数という.

劣完全数の研究は現在進行中であり，興味ある結果が多数得られている.

次の結果は小学校算数のようなものだが私は知らなかった. オイラーが使ったらしい.

補題 1　a, b, c, d が自然数で，$\dfrac{a}{b} = \dfrac{c}{d}$ が成り立つ. $\dfrac{a}{b}$ が既約分数なら，自然数 k があり $c = ka$, $d = kb$ となる.

■ *Proof*

$da = bc$, $\mathrm{GCD}(a, b) = 1$ かつ $a \mid bc$ より $a \mid c$. ゆえに $c = ka$. これから $d = kb$.

（記号 $a \mid c$ は a が c の約数を意味する.）

3.　$P \geqq 3$，平行移動 $m = 0$ の劣完全数

狭義の劣完全数の場合，$q = P^{e+1} - 1 + m$ が素数なので，$P \geqq 3$ であれば，m は奇数になる.

$\sigma(a) - a$ を $\mathrm{co}\sigma(a)$ と書きユークリッド余関数という. 以下でもよく使われることになる.

広義の劣完全数ではあえて，m が偶数の場合も考える. とくに $m = 0$ の場合は興味があり，次の結果が得られている.

命題 1　$P \geqq 3$，平行移動 $m = 0$ の広義の劣完全数は $P = 3$ の場合の $a = 2$.

■ *Proof*

$m = 0$ なので $\overline{P}\sigma(a) = Pa$ により

$$\frac{\overline{P}}{P} = \frac{a}{\sigma(a)}.$$

$\dfrac{\overline{P}}{P}$ は既約分数なので，自然数 k があり $a = k\overline{P}$, $\sigma(a) = kP$ となる.

$$\sigma(a) = kP = k(\overline{P}+1) = k\overline{P}+k = a+k.$$

$\mathrm{co}\sigma(a) = \sigma(a) - a$ を使うと $\mathrm{co}\sigma(a) = k$ かつ k は a の約数なので，$k = 1$, a は素数.

なぜなら，$k > 1$ とすると，これらは a と異なる約数なので $\mathrm{co}\sigma(a) \geqq 1 + k$. これは $\mathrm{co}\sigma(a) = \sigma(a) - a$ に矛盾する.

$\mathrm{co}\sigma(a) = 1$ になり，a は素数 $a = k\overline{P}$ は素数なので，$k = 1$, $\overline{P} = 2$. よって $P = 3$, $a = 2$.

> **注意**　水谷一氏の指摘により，元の証明よりはるかに簡易化できた.
>
> （この証明はオイラーが行った，「偶数完全数はユークリッドの完全数になる」証明と酷似している. そこに幾ばくかの興味がある）

4. $P \geqq 3$, 平行移動 $m = P-1$ の劣完全数

命題2 $P \geqq 3$ のとき,平行移動 $m = \overline{P}$ の劣完全数は存在しない.

Proof

$\overline{P}\sigma(a) - Pa = -\overline{P}$ によって,$\overline{P}(\sigma(a)+1) = Pa$ になるので,

$$\frac{\overline{P}}{P} = \frac{a}{\sigma(a)+1}.$$

$\dfrac{\overline{P}}{P}$ は既約分数なので,自然数 k があり $a = k\overline{P}$, $\sigma(a)+1 = kP$ となる.

$$\sigma(a)+1 = kP = k(\overline{P}+1) = k\overline{P}+k = a+k.$$

よって,

$$\sigma(a) - a = \operatorname{co}\sigma(a) = k-1.$$

k は a の約数なので $k-1 = \sigma(a)-a \geqq k$. これは矛盾.

この論法によれば,$m = \nu\overline{P}$, $\nu > 0$ の場合は劣完全数が存在しないことがわかる.

> **注意** $P = 2$ のとき,$m = -1$ だけ平行移動した場合の方程式は $\sigma(a) = 2a+1$ になる.この場合は解が存在しないと思われているが今でも証明できない.しかし劣完全数の場合 $\overline{P}(\sigma(a)+1) = Pa$ の解の不存在が簡単に証明できた.これほどうまく行くとは思っていなかったので「劣完全数の素敵な世界」と叫びたくなった.

5. $P \geqq 3$, 平行移動 $m = -\overline{P}$ の劣完全数

定理1　$P \geqq 3$, 平行移動 $m = -\overline{P}$ の劣完全数は $P = 3$, $a = 2^2$.

■ *Proof*

定義によって $\overline{P}\sigma(a) - Pa = \overline{P}$ になるので $\overline{P}(\sigma(a) - 1) = Pa$. よって,

$$\frac{\overline{P}}{P} = \frac{a}{\sigma(a) - 1}.$$

$\dfrac{\overline{P}}{P}$ は既約分数なので, 自然数 k があり $a = k\overline{P}$, $\sigma(a) - 1 = kP$ となる.

$$\sigma(a) - 1 = kP = k(\overline{P} + 1) = k\overline{P} + k = a + k.$$

よって, $\operatorname{co}\sigma(a) = \sigma(a) - a = k + 1$.

$a = k\overline{P}$ に注目し場合を分ける.

1) $k = 1$. $\sigma(a) - a = 2$.

   $\sigma(a) - a \geqq 2$ なので a は素数ではなく, $1, a$ 以外の約数 d がある.

   $2 = \sigma(a) - a \geqq 1 + d \geqq 3$ となり矛盾.

2) $k > 1$. $k \neq \overline{P}$.

   $k, \overline{P}, 1$ は a の真の約数なので

   $$\sigma(a) - a = k + 1 \geqq k + \overline{P} + 1$$

   これは矛盾.

3) $k > 1$. $k = \overline{P}$.

   $a = k\overline{P}$ によって $a = k^2$ なので $\sigma(a) = k^2 + k + 1$. このとき k は素数. $k = \overline{P}$ も素数なので, $P = 3$, $a = k^2 = 4$.

6. $P=3$, m は偶数の場合

$P=3$ とする.

$2\sigma(a)-3a=-m$ になる. m：偶数の場合，$m>0$ なら解はないので $-1 \leqq m \leqq -40$ の範囲についてコンピュータで出力してできた結果は次の通り. ここで表示された

```
m=-40factor(52)=2^2*13
```

を $m=-40$ のときは解が 52 でその素因数分解は 2^2*13 と読む. 以下も同じ.

```
m=-36;factor(44)=2^2*11, factor(50)=2*5^2
m=-30;factor(32)=2^5
m=-28;factor(28)=2^2*7
m=-24;factor(18)=2*3^2, factor(20)=2^2*5
m=-20;factor(12)=2^2*3
m=-14;factor(16)=2^4
m=-6
factor(6)=2*3, factor(8)=2^3, factor(10)
=2*5, factor(14)=2*7
factor(22)=2*11, factor(26)=2*13, factor(34)
=2*17
```

$m=-6$ のとき $a=2p$. $p>2$：素数，$a=2^3$ の解が出てくる. $\sigma(2p)=3p+3$ なので $2\sigma(a)-3a=6p+6-6p=6$.

$a=2p$ はいわゆる通常解で，B 型の解ともいう.

7. $P=3$, B 型の解

$a=2p$ のとき $\sigma(2p)=3p+3$ を満たす. すると $2\sigma(a)-3a=6p+6-6p=6$.

> **定理 2**　$2\sigma(a) - 3a = 6$ を満たす解 a は $a = 2p$（$p > 2$：素数）および $a = 2^3 = 8$.

$a = 2p$ は通常解で，B 型の解である．

しかし，解 $a = 2^3 = 8$ もありこれを擬素数解という．

■ *Proof*

$2\sigma(a) - 3a = 6$ を $2(\sigma(a) - 3) = 3a$ と変形して分数で書くと

$$\frac{2}{3} = \frac{a}{\sigma(a) - 3}$$

$\dfrac{2}{3}$ は既約なので，k があり $a = 2k$, $\sigma(a) - 3 = 3k = a + k$ を満たす．

ゆえに $\sigma(a) - a = 3 + k$.

1)　k：奇数なら，$k > 1$. $a = 2k$ の約数は少なくとも $1, 2, k, 2k$.
　　$\sigma(a) - a \geqq 1 + 2 + k$. ここで等号が成り立つので，$a = 2k$ の
　　約数は $1, 2, k, 2k$ に限る．よって k：素数

2)　k：偶数なら，$k = 2^\varepsilon L$, L：奇数.
　　$L \neq 1$ なら，L は $1, 2, k, 2k$ 以外の k の約数．矛盾．
　　$L = 1$ なら，$a = 2k = 2^{\varepsilon+1}$. この約数の個数は $2 + \varepsilon$.
　　$2 + \varepsilon = 4$ より $\varepsilon = 2$, $k = 4$, $a = 8$
　　したがって，$a = 2p$, $a = 8$.

■ 8.　一般の B 型の解

$2\sigma(a) - 3a = 6$ の 2 は素数なのでこれを一般にし素数 Q で置

き換える．パラメータ m をとり $Q\sigma(a)-(Q+1)a=m$ の解とし
て $a=Qp\,(Q\neq p)$ があると仮定する．

$\sigma(a)=(Q+1)p+Q+1$ なので

$$Q\sigma(a)=(Q+1)Qp+Q(Q+1)=(Q+1)a+Q(Q+1).$$

そこで，$m=Q(Q+1)$ とおけば

$$Q\sigma(\alpha)=(Q+1)\alpha+Q(Q+1).$$

定理 3 Q が素数のとき
$$Q\sigma(\alpha)=(Q+1)\alpha+Q(Q+1)$$
の解は $\alpha=Qp\,(Q\neq p)$ または $\alpha=Q^3$．

▎*Proof*

$Q\sigma(\alpha)=(Q+1)(\alpha+Q)$ によって，

$$\frac{Q}{Q+1}=\frac{\alpha+Q}{\sigma(\alpha)}.$$

よって，k があり

$$\alpha+Q=kQ,\quad \sigma(\alpha)=kQ+k.$$

これより

$$\alpha=k\overline{Q},\ (\overline{k}=k-1),\ \sigma(\alpha)=(k-1+1)Q+k-1+1=\overline{k}\,Q+\overline{k}+1.$$

$\sigma(\overline{k}Q)=\overline{k}Q+\overline{k}+1$ が成り立つので

1) $\overline{k}\neq Q$．$\overline{k}=p$ は素数で，$p\neq Q$ ここで $\alpha=\overline{k}Q=pQ$．

2) $\overline{k}=Q^2.\alpha=Q^3$．

$Q\geqq 3$ なら QH は素数ではないので $Q\sigma(\alpha)=(Q+1)\alpha+m$ は劣
完全数の方程式ではない．変形劣完全数とでもいうしかない．

$m=1$ すなわち

$$\overline{P}\sigma(a)=Pa-1$$

の解には底の素数のべき P^e がある．

実際 $a = P^e$ を代入すると,

$$\overline{P}\sigma(a) - Pa = -1.$$

方程式 $\overline{P}\sigma(a) = Pa - 1$ の解を一般に概完全数 (almost perfect number) と呼ぶ.

$P = 5,\ m = 1$ のときコンピュータの出力結果

```
P=5, m=1
factor (5) =5, factor (25) =5^2, factor (77)
=7*11,
factor (125) =5^3, factor (625) =5^4
```

驚いたことに累乗ではない $a = 7*11$ が見つかった.

9. 一般の概完全数

$P = 5$ の場合を参考にして $\overline{P}\sigma(a) = Pa - 1$ の解に 2 素数の積, $rq\ (P < r < q :$ 素数$)$, があるとする.

$a = rq,\ \sigma(a) = (r+1)(q+1),\ A = (r+1)(q+1),\ B = rq,\ \Delta = r+q$ とおくとき $A = B + \Delta + 1$.

$$\overline{P}\sigma(a) = \overline{P}A = \overline{P}(B + \Delta + 1)$$

一方, $Pa - 1 = Prq - 1 = PB - 1$ によって,

$$\overline{P}(B + \Delta + 1) = PB - 1 = \overline{P}B + B - 1.$$

$$\overline{P}B + \overline{P}(\Delta + 1) = \overline{P}B + B - 1.$$

$$B - \overline{P}(\Delta + 1) = 1.$$

$r_0 = r - \overline{P},\ q_0 = 1 - \overline{P},\ B_0 = r_0 q_0$ とおくとき

$$B_0 = r_0 q_0 = B - \overline{P}\Delta + \overline{P}^2.$$

$$B - \overline{P}\Delta = B_0 - \overline{P}^2$$

ゆえに

$$B_0 = P^2 - P + 1.$$

ここで，奇素数 P に対して $D = P^2 - P + 1$ とおき因数分解を行い，$B_0 = D$ を満たす $r_0,, q_0$ に対して $r = r_0 + \overline{P}$, $q = q_0 + \overline{P}$ がともに素数となる，r, q があれば $a = rq$ が解になる．

これによりプログラムを作ると次のように解が数多く見つかる．

表 1：概完全数の表

P	$D = P^2 - P + 1$	a	素因数分解	$\sigma(a)$
$P = 5$	$[3,7]$	77	$7 * 11$	96
$P = 11$	$[3,37]$	611	$13 * 47$	672
$P = 17$	$[3,7,13]$	2033	$19 * 107$	2160
		1073	$29 * 37$	1140
$P = 31$	$[7^2,19]$	6031	$37 * 163$	6232
$P = 37$	$[31,43]$	5293	$67 * 79$	5440
$P = 41$	$[3,547]$	25241	$43 * 587$	25872
$P = 47$	$[3,7,103]$	9983	$67 * 149$	10200
$P = 73$	$[7,751]$	65017	$79 * 823$	65920
$P = 89$	$[3,7,373]$	50249	$109 * 461$	50820

たとえば $P = 5$ のとき $4\sigma(a) - 5a = 4 * 96 - 5 * 77 = 384 - 385 = -1.$

ユークリッドの余関数

1. $P \geqq 3$, 平行移動 $m = -\mu\overline{P}$ の劣完全数

平行移動のパラメータ m が $-\mu\overline{P}$ のとき劣完全数 a を調べる。このとき $\overline{P}\sigma(a) - Pa = \mu\overline{P}$ によって、$\overline{P}(\sigma(a) - \mu) = Pa$ になるので、分数式で書くと

$$\frac{\overline{P}}{P} = \frac{a}{\sigma(a) - \mu}.$$

$\dfrac{\overline{P}}{P}$ は既約分数なので、自然数 k があり $a = k\overline{P}$, $\sigma(a) - \mu = kP$ となる。

$$\sigma(a) - \mu = kP = k(\overline{P} + 1) = k\overline{P} + k = a + k.$$

よって、$\sigma(a) - a = k + \mu$.

2. ユークリッドの余関数

ここで $\sigma(a) - a$ がでてきたので $\mathrm{co}\sigma(a) = \sigma(a) - a$ とおきこれをユークリッドの余関数という。すると、$\mu = \sigma(a) - a - k$ によって、$\mu = \mathrm{co}\sigma(a) - k$.

$a = k\overline{P}$ により、k は a の約数であり $\mu < 50$ の範囲に限って、a を決定することが目標である。

$\mathrm{co}\sigma(a)=1$ は a が素数になる必要十分条件である．$\mathrm{co}\sigma(a)$ は a の a 以外の約数の和であり，$\mathrm{co}\sigma(a)=a$ は a が完全数になる条件式である．

例 $a=220$ のとき $a=22*10=2^2*5*11$ を利用して，$\sigma(a)=(2^3-1)6*12=72*7=504$ により $\mathrm{co}\sigma(a)=504-220=284$ になる．

実は 3 節の例で示すように $\mathrm{co}\sigma(284)=220$ となる．これは不思議なこととは言えないが稀な出来事である．$\mathrm{co}\sigma$ によって 220 と 284 が入れ替わるのである．

このことはピタゴラスの時代には知られていたという．

3. ユークリッドの余関数の評価

ユークリッドの余関数 $\mathrm{co}\sigma(a)$ のうまい評価式を作らないと劣完全数の決定問題が解けない．

q は素数とする．$a=q^j$ のとき

$$\mathrm{co}\sigma(q^j)=\sigma(q^j)-q^j=\frac{q^{j+1}-1}{q}-q^j=\frac{q^j-1}{q}=\sigma(q^{j-1}).$$ よって，

$\mathrm{co}\sigma(q^j)=\sigma(q^{j-1})$.

次に q は素数で $a=q^j\alpha$，$(q\nmid\alpha$，すなわち α は q で割れない$)$ とする．

> **定理1**　$a = q^j\alpha,\ (j \geqq 1,\ \alpha > 1,\ q \nmid \alpha)$ のとき
>
> 1．$\mathrm{co}\sigma(q^j\alpha) = \sigma(q^j)\mathrm{co}\sigma(\alpha) + \alpha\sigma(q^{j-1})$.
>
> 2．$\mathrm{co}\sigma(q^j\alpha) \geqq \sigma(q^j) + \alpha\sigma(q^{j-1})$.
>
> 3．$\mathrm{co}\sigma(q^j\alpha) = \sigma(q^j) + \alpha\sigma(q^{j-1})$ なら α は素数.

■ *Proof*

$\sigma(q^j\alpha) = \dfrac{(q^{j+1}-1)\sigma(\alpha)}{q}$ なので

$$\begin{aligned}
\mathrm{co}\sigma(q^j\alpha) &= \sigma(q^j\alpha) - q^j\alpha \\
&= \frac{(q^{j+1}-1)\sigma(\alpha) - q^j\alpha(q-1)}{q} \\
&= \frac{(q^{j+1}-1)(\mathrm{co}\sigma(\alpha)+\alpha) - q^j\alpha(q-1)}{q} \\
&= \frac{(q^{j+1}-1)\mathrm{co}\sigma(a) + (q^j-1)\alpha}{q} \\
&= \sigma(q^j)\mathrm{co}\sigma(\alpha) + \sigma(q^{j-1})\alpha
\end{aligned}$$

以上によって，

$$\mathrm{co}\sigma(q^j\alpha) = \sigma(q^j)\mathrm{co}\sigma(a) + \sigma(q^{j-1})\alpha.$$

$A = \sigma(q^j) + \sigma(q^{j-1})\alpha$ とおくとき

$$\begin{aligned}
\mathrm{co}\sigma(q^j\alpha) - A &= \sigma(q^j)\mathrm{co}\sigma(\alpha) + \sigma(q^{j-1})\alpha - A \\
&= \sigma(q^j)(\mathrm{co}\sigma(\alpha)-1) \\
&\geqq 0.
\end{aligned}$$

$\mathrm{co}\sigma(q^j\alpha) = A$ が成り立つなら，$\mathrm{co}\sigma(\alpha)-1 = 0$．このとき α は素数．

例　$a = 220 = 4*5*11,\ \alpha = 5*11$ のとき $\mathrm{co}\sigma(\alpha) = 5+11+1 = 17$，$\mathrm{co}\sigma(2^2\alpha) = \sigma(2^2)\mathrm{co}\sigma(\alpha) + \alpha\sigma(2) = 7*17 + 55*3 = 284 = 4*71$．$\beta = 71$ とおけば $\mathrm{co}\sigma(284) = \mathrm{co}\sigma(4\beta) = \sigma(2^2)\mathrm{co}\sigma(\beta) + \beta\sigma(2) = 220$．$(220,\ 284)$ を友愛数という．

3.1 オイラー余関数

これは次のオイラー余関数の結果の類似である.

オイラー余関数は $a-\varphi(a)$ で定義され $\mathrm{co}\varphi(a)$ がその記号である.

定理 2　　$a = q^j \alpha,\ (\alpha > 1,\ q \nmid \alpha)$ のとき

1. $\mathrm{co}\varphi(q^j \alpha) = q^{j-1}(\alpha + \overline{q}\,\mathrm{co}\varphi(\alpha))$,

2. $\mathrm{co}\varphi(q^j \alpha) \geqq q^{j-1}(\alpha + \overline{q})$.

3. $\mathrm{co}\varphi(q^j \alpha) = q^{j-1}(\alpha + \overline{q})$ なら α は素数.

証明は読者に委ねる.

次の公式を見比べてみよう.

$$\mathrm{co}\varphi(q^j \alpha) = q^{j-1}\,\overline{q}\,\mathrm{co}\varphi(\alpha) + \alpha q^{j-1},$$

$$\mathrm{co}\sigma(q^j \alpha) = \sigma(q^j)\mathrm{co}\sigma(\alpha) + \alpha\sigma(q^{j-1}),$$

両者は類似性の高い公式とみることができる.

次に $\mathrm{co}\varphi(a)$ および $\mathrm{co}\sigma(a)$ の数表を載せておく.

$\mathrm{co}\sigma(a)$ と異なり $\mathrm{co}\varphi(a) = a - \varphi(a)$ がオイラー余関数の定義であるがその値が1になるとき素数の判定ができる, という意味で類似している.

表 1 : a が素数でないときの $\mathrm{co}\varphi(a)$ および $\mathrm{co}\sigma(a)$ の数表

a	factor	$\varphi(a)$	$\sigma(a)$	$\mathrm{co}\varphi(a)$	$\mathrm{co}\sigma(a)$
4	$[2^2]$	2	7	2	3
9	$[3^2]$	6	13	3	4
6	$[2,3]$	2	12	4	6
25	$[5^2]$	20	31	5	6
8	$[2^3]$	4	15	4	7
10	$[2,5]$	4	18	6	8
49	$[7^2]$	42	57	7	8
15	$[3,5]$	8	24	7	9
14	$[2,7]$	6	24	8	10
21	$[3,7]$	12	32	9	11
121	$[11^2]$	110	133	11	12
27	$[3^3]$	18	40	9	13
35	$[5,7]$	24	48	11	13
22	$[2,11]$	10	36	12	14
169	$[13^2]$	156	183	13	14
16	$[2^4]$	8	31	8	15
33	$[3,11]$	20	48	13	15
12	$[2^2,3]$	4	28	8	16
26	$[2,13]$	12	42	14	16
39	$[3,13]$	24	56	15	17
55	$[5,11]$	40	72	15	17
289	$[17^2]$	272	307	17	18
65	$[5,13]$	48	84	17	19
77	$[7,11]$	60	96	17	19
34	$[2,17]$	16	54	18	20
361	$[19^2]$	342	381	19	20
18	$[2,3^2]$	6	39	12	21
51	$[3,17]$	32	72	19	21
91	$[7,13]$	72	112	19	21

4. $m = \mu\overline{P}$ の場合

$a = k\overline{P}$ であり $\mu = \mathrm{co}\sigma(a) - k$ によって，$\mu < 50$ の場合に a を決定することが目標である．

P は奇素数なので，$\overline{P}$ と a は偶数になることに注意する．まず，a の素因数分解が簡単な場合から考える．

1) $a = p^j$, $j > 0$ のとき．$a = k\overline{P}$ は偶数なので，$p = 2$．よって $a = 2^j$.

　　$\mathrm{co}\sigma(2^j) = \sigma(2^{j-1}) = 2^j - 1$ なので，
$$\mu = \mathrm{co}\sigma(a) - k = 2^j - 1 - k$$
　　ここで議論を簡単にするため，$P = 3$ の場合とする．$a = 2k$, $k = 2^{j-1}$ なので
$$\mu = \mathrm{co}\sigma(a) - k = 2^j - 1 - k = 2^j - 1 - 2^{j-1} = 2^{j-1} - 1.$$
　　次の数表ができた．

表 2： $k = 2^{j-1}$, $a = 2k = 2^j$；μ の値

a	j	$k = 2^{j-1}$	μ	m
4	2	2	1	-2
8	3	4	3	-6
16	4	8	7	-14
32	5	16	15	-30
64	6	32	31	-62
128	7	64	63	-126

2) $a = 2^j \alpha$, $(\alpha > 1, j \geqq 1, \alpha : 奇数)$ のとき．$P = 3$ を仮定しているので $k = 2^{j-1}\alpha$ となる．

　　定理 1 の公式を $q = 2$ として使う．
$$\mathrm{co}\sigma(2^j\alpha) = \sigma(2^j)\mathrm{co}\sigma(\alpha) + \sigma(2^{j-1})\alpha.$$
$$\mu = \mathrm{co}\sigma(a) - k = \sigma(2^j)\mathrm{co}\sigma(\alpha) + \sigma(2^{j-1})\alpha - 2^{j-1}\alpha$$

$\sigma(2^{j-1})\alpha - 2^{j-1}\alpha = (2^j-1)\alpha - 2^{j-1}\alpha = (2^{j-1}-1)\alpha$ なので次の計算式ができた.

$$\mu = (2^{j+1}-1)\mathrm{co}\sigma(\alpha) + (2^{j-1}-1)\alpha.$$

これが μ を与える公式である.

$j=1$ のとき $k=\alpha$, $a=2\alpha$ であり,

$$\mu = 3\mathrm{co}\sigma(\alpha).$$

α が素数の場合は, $\mu = 3\mathrm{co}\sigma(\alpha) = 3$, $m = -6$.

表3: $a = 2\alpha$, $\mu = 3\mathrm{co}\sigma(\alpha)$, μ

a	α	k	$\mathrm{co}\sigma(\alpha)$	μ	m
6	3	3	1	3	-6
18	9	9	4	12	-24
10	5	5	1	3	-6
30	15	15	9	27	-54
50	25	25	6	18	-36
14	7	7	1	3	-6
42	21	21	11	33	-66
22	11	11	1	3	-6
26	13	13	1	3	-6
34	17	17	1	3	-6
54	27	27	13	39	-78
66	33	33	15	45	-90
98	49	49	8	24	-48
242	121	121	12	36	-72

$a = 2\alpha$, $(\alpha > 2)$ のとき, $\mu = 3, 12, 18, 24, 27, 36, 45, \cdots -m < 50$ とすると, $\mu = 3, 12, 18, 24, 27$.

$j=2$ のとき公式は $a = 4\alpha$, $k = 2\alpha$.

$$\mu = 7\mathrm{co}\sigma(\alpha) + \alpha.$$

α が素数なら, $\mu = 7 + \alpha$.

表4： $a = 4\alpha$, $7\mathrm{co}\sigma(\alpha)+\alpha$, μ の決定

a	α	k	$\mathrm{co}\sigma(\alpha)$	μ	m
12	3	6	1	10	-20
36	9	18	4	37	-74
20	5	10	1	12	-24
60	15	30	9	78	-156
100	25	50	6	67	-134
28	7	14	1	14	-28
84	21	42	11	98	-196
44	11	22	1	18	-36
52	13	26	1	20	-40
68	17	34	1	24	-48
108	27	54	13	118	-236
132	33	66	15	138	-276

$\mu < 30$ の場合は

$$a = 12, \ \mu = 10 \, ; \ a = 20, \ \mu = 12 \, ; \ a = 28, \ \mu = 14 \, ;$$

$$a = 44, \ \mu = 18 \, ; \ a = 52, \ \mu = 20 \, ; \ a = 68, \ \mu = 24.$$

$j = 3$ のとき公式は

$$\mu = 15\mathrm{co}\sigma(\alpha)+3\alpha.$$

α が素数なら， $\mu = 15+3\alpha$

以上の表から次の結果が導かれる． m を与える a が無いとき
は記さない．

表5： $a = 8\alpha$, $\mu = 15\mathrm{co}\sigma(\alpha)+3\alpha$, μ の決定

a	α	k	$\mathrm{co}\sigma(\alpha)$	μ	m
24	3	12	1	24	-48
72	9	36	4	87	-174
40	5	20	1	30	-60
120	15	60	9	180	-360
200	25	100	6	165	-330
56	7	28	1	36	-72
168	21	84	11	228	-456
88	11	44	1	48	-96
104	13	52	1	54	-108

5. $2\sigma(a) = 3a - m$, m：偶数の場合

$2\sigma(a) = 3a - m$, $(m = 2\mu)$ を満たす a とその素因数分解

```
m=-48;factor (24)=2^3*3, factor (68)=2^2*17,
factor (98)=2*7^2
m=-48;factor (24)=2^3*3, factor (68)=2^2*17,
factor (98)=2*7^2
m=-40;factor (52)=2^2*13
m=-36;factor (44)=2^2*11, factor (50)=2*5^2
m=-30;factor (32)=2^5
m=-28;factor (28)=2^2*7
m=-24;factor (18)=2*3^2, factor (20)=2^2*5
m=-20;factor (12)=2^2*3
m=-14;factor (16)=2^4
m=-6;
factor (6)=2*3, factor (8)=2^3, factor (10)
=2*5, factor (14)=2*7
(factor (2p)=2*p が無限に続く．p：奇素数)
m=-2;factor (4)=2^2
m=0;factor (2)=2
```

5.1 $P = 5$ の場合

$P = 5$ の場合の結果だけをあげておく．（m は 4 の倍数 $-m$ は 100 以下の場合）

```
m=-92, factor (32)=2^5
m=-84, factor (28)=2^2*7
m=-68, factor (20)=2^2*5
m=-52, factor (12)=2^2*3
m=-44, factor (16)=2^4
m=-20, factor (8)=2^3
m=-8, factor (4)=2^2
```

臆病なまでに解が少ない．

劣完全数解の分類

1. はじめに

与えられた整数 m と奇素数 P に対し $q = P^{e+1} - 1 + m$ が素数のとき $a = P^e q$ を底 P, 平行移動 m の狭義の劣完全数 (subperfect number) といい, この q をサブ素数 (subprime number) という.

これは次の式を満たす. $\overline{P}\sigma(a) = Pa - m$ ($\overline{P} = P - 1$ とおく)

実際, $N = P^{e+1} - 1$, $\overline{P} = P - 1$ とおくとき,

$$\overline{P}\sigma(a) = N\sigma(q) = Nq + N = Pa - q + N = Pa - m.$$

これを a の方程式とみてその解を底 P, 平行移動 m の広義の劣完全数 (subperfect number with translation parameter m) という.

$P = 2$ のときすなわち歴史的な完全数, およびその平行移動において解をすべて求めることは難しい. 現代の数学ではできそうもない.

$P = 3$ で m が偶数の場合の劣完全数は先月号で紹介したように解をすべて求めることが可能である. これは著しい成功と言ってよい.

一方 $P = 3$ で m が奇数の場合は解をすべて求めることはきわめて困難である. 実例を丁寧にみて計算で求められた解を体系的に調べ解の構造を把握することに努める.

解の分類を以下で行う.

1. 素因数分解が $P^e q$ （$P<q$：素数）の形の解を正規形の解，または A 型の解という.

2. 定数 a があり ap （p は無数の素数）の形になる解を B 型の解という.

3. 素因数分解が P^e （e：は任意）の形の解を C 型の解という.

4. 素因数分解が $P^e qr$ （$P<r<q$：素数）の形の解を第二正規形の解または D 型の解という.

5. 素因子が 4 個以上で平方因子のない解を，E 型の解，またはオビという.

6. 分類が難しい解を一括して F 型の解という.

7. 素因子が 1 つすなわち解 $a=p^e$ を G 型の解といい，G (p^e) と記す.

2. $P=3$ で m が奇数の場合

$P=3$ で m が奇数，$m<36$ の場合について 50 万以下の解 a をすべて求めた.

$m=1$ 解の状況 C 型

$3=3,\ p=3^2,\ 27=3^3,\ 81=3^4,\ 243=3^5,\ 729=3^6,$

$2187=3^7,\ 6561=3^8,\ 19683=3^9,\ 59049=3^{10},\ \cdots$

無限に 3 の累乗 3^e が出てくる. しかし 3^e とは書けない解が

あるかもしれない.

これらを含めて C 型の解という.

$m = 3.$ 解のあり方. A (正規形),
D (第二正規形) $G(5)$, $F(5 * 7 * 11)$

$$5 = 5,\ 33 = 3 * 11,\ 261 = 3^2 * 29,\ 385 = 5 * 7 * 11,$$
$$898 = 3 * 13 * 23,\ 2241 = 3^3 * 83,\ 26937 = 3^2 * 41 * 73,$$
$$46593 = 3^2 * 31 * 167$$

$m = 5.$ 解のあり方. A (正規形), D (第二正規形), $G(7)$

$$7 = 7,\ 39 = 3 * 13,\ 279 = 3^2 * 31,\ 178119 = 3^5 * 733$$

$m = 7.$ 解なし

$m = 9.$ 解のあり方. A (正規形), D (第二正規形) E (オビ), $G(11)$

$$11 = 11,\ 35 = 5 * 7,\ 51 = 3 * 17,\ 2403 = 3^3 * 89$$
$$20331 = 3^4 * 251,\ 54723 = 3 * 17 * 29 * 37,$$
$$68643 = 3^2 * 29 * 263$$
$$103683 = 3 * 17 * 19 * 107$$

$m = 11.$ 解のあり方. A (正規形), E (オビ),
$G(13)$, $F(3 * 11^2 * 43)$

$$13 = 13,\ 57 = 3 * 19,\ 333 = 3^2 * 37,$$
$$15609 = 3 * 11^2 * 43,\ 179577 = 3^5 * 739$$

$m = 13.$ 解のあり方. $G(5^2)$

$$25 = 5^2$$

$m = 15.$ 解のあり方. A (正規形) D (第二正規形) E (オビ)
$G(17)$

$17 = 17,\ 69 = 3*23*369 = 3^2*41,\ 1221 = 3*11*37,$

$20817 = 3^4*257149765 = 5*7*11*389,$

$180549 = 3^5*743$

$m = 17.$ 解のあり方. A (正規形) $G(19),\ F(3*11^2*43)$

$19 = 19,\ 387 = 3^2*43,\ 2619 = 3^3*97$

$m = 19$ 解なし

$m = 21.$ 解のあり方. A (正規形) D (第二正規形) E (オビ) $G(23),\ F(5*7*13)$

$23 = 23,\ 55 = 511,\ 87 = 3*29,\ 423 = 3^2*47$

$455 = 5*7*13,\ 2727 = 3^3*101,\ 21303 = 3^4*263,$

$845127 = 3^3*113*277$

$m = 23.$ 解のあり方. A (正規形)

$93 = 3*31,\ 2781 = 3^3*103,\ 182493 = 3^5*751$

$m = 25.$ 解のあり方. $F(3*11^2)$

$363 = 3*11^2$

$m = 27.$ 解のあり方. A (正規形) D (第二正規形) E (オビ), $G(29),\ F(5*13)$

$29 = 29,\ 65 = 513,\ 477 = 3^2*53,\ 969 = 3*17*19$

$1353 = 3*11*41,\ 2889 = 3^3*107,\ 21789 = 3^4*269$

$70209 = 3^2*29*269,\ 159753 = 3*11*47*103$

$m = 29.$ 解のあり方. A (正規形) E (オビ) $G(31),\ F(5^2*7)$

$31 = 31,\ 111 = 3*37,\ 175 = 5^2*7,$

$2943 = 3^3*109*21951 = 3^4*271$

$183951 = 3^5*757$

$m = 31$ 解なし

$m = 33$. 解のあり方. A (正規形) D (第二正規形) E (オビ),
$G(7^2)$

$49 = 7^2$, $123 = 3 * 41$, $531 = 3^2 * 59$, $1131 = 3 * 13 * 29$,
$1419 = 3 * 11 * 43$, $3051 = 3^3 * 113$, $25803 = 3^2 * 47 * 61$,
$48267 = 3^2 * 31 * 173$, $70731 = 3^2 * 29 * 271$, $184923 = 3^5 * 761$,
$813579 = 3 * 13 * 23 * 907$

$m = 35$. 解のあり方. A (正規形), E (オビ),
$G(37)$, $F(5^2 * 7 * 19 * 181)$

$$37 = 37, \quad 129 = 3 * 43, \quad 549 = 3^2 * 61,$$
$$22437 = 3^4 * 277, \quad 601825 = 5^2 * 7 * 19 * 181$$

3. 解の分類

A 型の解のある場合の m を列挙しよう.

$$3, 5, 9, 11, 15, 17, 21, 23, 27, 29, 33, 35$$

であり, これらは次の 2 系列に分解できる.

1. 3 から 6 を足していく. 3, 9, 15, 21, 27, 33

2. 5 から 6 を足していく. 5, 11, 17, 23, 29, 35

すなわち $m \equiv 3, 5 \bmod 6$. で分けたがこれ以外の奇数 m は $m \equiv 1 \bmod 6$ を満たす.

実際に上の例では 7, 19, 31 のときだけ解が無い.

また 13, 25 のときは孤立解.

ここで大胆予測をたてる:

> **予測** 方程式 m：奇数のとき $2\sigma(a)-3a=-m$ において，
>
> 1. $m\equiv3,5\bmod6$ のとき A 型の解があり，無数の解をもつ．
>
> 2. $m\equiv1\bmod6$ のとき解はあっても孤立解で有限個しかない．

■ 命題 1 $m\equiv1\bmod6$ のとき A 型の解はない．

■ *Proof*

A 型の解 $a=3^e q$ （q：3 で割れない素数）が方程式 $2\sigma(a)-3a=-m$ の解とする．

$N=3^{e+1}-1$ とおけば

$2\sigma(a)-3a=N(q+1)-(N+1)q=N-q$ により $N-q=-m$.

$m=1+6k$ と仮定すると

$$q=N;\ m=3^{e+1}-1+1+6k=3^{e+1}+6k.$$

右辺は素数になりえない．

■ 4. 正規形の解

$a=P^e q$ を $\overline{P}\sigma(a)=Pa-m$ の左辺に代入すると，

$\overline{P}\sigma(a)=\overline{P}\sigma(P^e q)=(P^{e+1}-1)(q+1)$ なので $N=P^{e+1}-1$ とおくとき

$\overline{P}\sigma(a)=N(q+1)=Nq+N$ とかける．

さらに $Nq=(P^{e+1}-1)q=Pa-q$.

したがって，左辺は $\overline{P}\sigma(a)=Pa-q+N$.

右辺は，

$$P^{e+1}q-m=(N+1)q-m=Pa-m.$$

ゆえに，$Pa-q+N=Pa-m$. これより，$-q+N=-m$. すな

わち $q = N + m = P^{e+1} - 1 + m.$

この式は与えられた P, m に対し，e を $P^{e+1}-1+m$ が素数になる条件で探した結果見つかると，$q = P^{e+1}-1+m$ とおけば，$a = P^e q$ が正規形の解になる．

結果を見る限り $m = 3, 5, 9, 11$ では正規形の解がある．

正規形の解だけを見出すプログラムを使うと次のように多くの解が発見できる．

4.0.1 正規形の解，計算例

表1： $m = 3$ 正規形の解の表

e	a	a の素因数分解
2	261	$3^2 * 29$
3	2241	$3^3 * 83$
7	14353281	$3^7 * 6563$
9	1162300833	$3^9 * 59051$
13	7625600673633	$3^{13} * 4782971$
14	68630386930821	$3^{14} * 14348909$
23	265888143591457896454

41 | $3^{23} * 282429536483$ |
| 25 | 2153693963077252343529633 | $3^{25} * 2541865828331$ |

a の末尾の数は1, 3． q の末尾の数は1, 3, 9.

表2： $m = 5$ 正規形の解の表

e	a	a の素因数分解
2	279	$3^2 * 31$
5	178119	$3^5 * 733$
8	129166407	$3^8 * 19687$
9	1162340199	$3^9 * 59053$
21	3282569674363784904

39 | $3^{21} * 31381059613$ |
| 29 | 1413038609173900902627427

0599 | $3^{29} * 205891132094653$ |

a の末尾の数は7, 9. q の末尾の数は1, 3, 7.

5. D 型の解

素因数分解が $P^e qr$（$P<r<q$：素数）の形の解（第二正規形の解，または D 型の解）について以下で詳しく調べる.

$\tilde{r}=r+1$, $\tilde{q}=q+1$, $A=\tilde{r}\tilde{q}$, $\Delta=r+q$ とおくとき

$A=B+\Delta+1$.

そこで $a=P^e rq$ を $\overline{P}\sigma(a)=Pa-m$ の左辺に代入すると，

$\overline{P}\sigma(a)=\overline{P}\sigma(P^e rq)=(P^{e+1}-1)\tilde{r}\tilde{q}$ なので $N=P^{e+1}-1$ とおくとき

$\overline{P}\sigma(a)=NA=N(B+\Delta+1)$ とかける.

したがって，左辺は $N(B+\Delta+1)$.

さらに $P^{e+1}rq-m=(N+1)B-m$ によれば右辺は $P^{e+1}rq-m$ $=(N+1)B-m$.

左辺は $N(B+\Delta+1)=NB+N(\Delta+1)$.

ゆえに

$$N(\Delta+1)=B-m.$$

したがって

$$B-N\Delta=N+m.$$

一方 $r_0=r-N$, $q_0=q-N$ とおき $B_0=r_0 q_0$ を計算すると，$B_0=r_0 q_0=B-N\Delta+N^2$.

よって，$B-N\Delta=B_0-N^2$. かくて，$N+m=B_0-N^2$.

$D=N^2+N+m$ とおくとき $B_0=D$.

ここで話を逆転させる. P,m に対し, e を適当に決め $N=P^{e+1}-1$ とおき上の式を用いて D を求める.

そこで $B_0=D$ とおいて 2 因子の分解を行う. $r=r_0+N$,

$q = q_0 + N$ がともに素数なら $a = P^e rq$ は第二正規形の解になる.

5.1　例

$m = 3,\ e = 1$ とすると $N = 8,\ D = 64 + 8 + 3 = 75 = 3 * 5^2$

$r_0 = 3,\ q_0 = 25$ で D を分解すると，$r = 11,\ q = 33$．q は素数にならないので使えない．

$r_0 = 5,\ q_0 = 15$ で D を分解すると，$r = 13,\ q = 23$．ともに素数．

解 $a = 3 * 13 * 23$ が得られた．

5.2　第二正規形の解；計算例

上でできたやり方を基にプログラムを書いて実行する．

表 3：$P = 3,\ m = 3$ 第二正規形の解の表

e	D	factor	a	a の素因数分解
1	75	$[3, 5^2]$	897	$3 * 13 * 23$
2	705	$[3, 5, 47]$	46593	$3^2 * 31 * 167$
			26937	$3^2 * 41 * 73$
5	530715	$[3, 5, 35381]$	19035755649	$3^5 * 733 * 106871$
			6519443841	$3^5 * 743 * 36109$
6	4780785	$[3, 5, 67, 67, 71]$	43076441601	$3^6 * 2399 * 24631$

説明　$e = 2,\ N = 27 - 1 = 26,\ D = 5 * 141$,

$r = 5 + 26 = 31$,

$q = 141 + 26 = 147$．$D = 15 * 47,\ r = 15 + 26 = 41$,

$q = 47 + 26 = 73$

$P = 3,\ m = 9$ のときも解が多い．

表 4 : $P = 3$, $m = 9$ 第二正規形の解の表

e	D	factor	a	a の素因数分解
1	81	$[3^4]$	867	$3 * 17 * 17$
2	711	$[3^2, 79]$	68643	$3^2 * 29 * 263$
3	6489	$[3^2, 7, 103]$	5026563	$3^3 * 83 * 2243$
			1060803	$3^3 * 101 * 389$
9	3486725361	X	Y	Z

$$X = [3^2, 7, 29, 1908443], \; Y = 193109562812680803,$$
$$Z = 3^9 * 59069 * 166093589$$

3. 究極の完全数と超完全数

究極の完全数の B 型解の研究

1. 究極の完全数

自然数 a についてその約数の和を $\sigma(a)$ であらわすとき，$\sigma(2^e) = 2^{e+1} - 1$ を満たす．これはユークリッドによる公式である．

したがって，$q = 2^{e+1} - 1 + m = \sigma(2^e) + m$ となる．これが素数のとき $a = 2^e q$ を m だけ平行移動した狭義の完全数という．そして $\sigma(a) = 2a - m$ を満たす．そこで一般に $\sigma(a) = 2a - m$ を満たす自然数 a を，m だけ平行移動した広義の完全数という．$m = 0$ のときが元祖完全数であり，この場合広義の完全数は狭義の完全数になるという予想が 2000 年以上にわたって解けない大難問として残されている．

さて 2 を一般にしてみよう．P を素数とし，整数 m に関して $\sigma(P^e) + m$ が素数 q のとき $a = P^e q$ を m だけ平行移動した底が P の狭義の究極の完全数と呼ぶ．

m だけ平行移動した場合を考えることは重要であり，これに

よって完全数の研究が奥深くなったのである．この場合の方程式も比較的シンプルである．

$$\overline{P}\sigma(a) - Pa = (P-2)\mathrm{Maxp}(a) - m(P-1). \quad (1)$$

ここで $\mathrm{Maxp}(a)$ は a の最大素因子を指している．

この式を満たす a を m だけ平行移動した底が P の広義の究極の完全数と呼ぶ．

2. $P = 2$ のとき

$P = 2$ のときは以前にも扱ったが考え方を整理するため再度考察する．

$m < 0$ の場合のみを扱う．

2.1 $[P=2,\ m=-2]$ 完全数

表1：$[P=2,\ m=-2]$ 完全数

a	素因数分解
20	$2^2 * 5$
104	$2^3 * 13$
464	$2^4 * 29$
650	$2 * 5^2 * 13$
1952	$2^5 * 61$
130304	$2^8 * 509$

解 $a = 650 = 2 * 5^2 * 13$ は異形の解だが他は $2^e q$ （q：素数の形でありこれを正規形の解という．A型の解ともいう．

3. 第 1 完全数 6 について

3.1 $m = -12$ のとき

$m = -12$ のとき m だけ平行移動した広義の完全数は非常に多い.

$\sigma(a) = 2a + 12$ を満たす解を調べる.

表 2 : $[P = 2,\ m = -12]$ 広義完全数

a	素因数分解
24	$2^3 * 3$
30	$2 * 3 * 5$
42	$2 * 3 * 7$
54	$2 * 3^3$
66	$2 * 3 * 11$
78	$2 * 3 * 13$
102	$2 * 3 * 17$
114	$2 * 3 * 19$
138	$2 * 3 * 23$
174	$2 * 3 * 29$
186	$2 * 3 * 31$
222	$2 * 3 * 37$

$a = 6p,\ (p \neq 2, 3 : 素数)$ が続くので途中略す.

$a = 6p$ を通常解という. または B 型解という.

$a = 24 = 2^3 * 3$ と $a = 54 = 2 * 3^3$ は擬素数解と呼ばれている.

表 3 : $[P = 2,\ m = -12]$ 広義完全数　続き

a	素因数分解
282	$2 * 3 * 47$
304	$2^4 * 19$
318	$2 * 3 * 53$
354	$2 * 3 * 59$
366	$2 * 3 * 61$
402	$2 * 3 * 67$

　ここで通常の解 $6p$ と異なる異形な解 $a = 304 = 2^4 * 19$ が出てきた．これをエイリアン解という．これは正規形 $2^e q$ なので正規形としての一般の解を探す．この場合 $2^e q$ が解なら $q = 2^{e+1} - 13$：素数，を満たす．

　正規形も求めるプログラムを用いて次の解の表がえられた．

表 4 ：$[P = 2,\ m = -12;\ a = 2^e q]$ 正規解

e	a	素因数分解
3	24	$2^3 * 3$
4	304	$2^4 * 19$
8	127744	$2^8 * 499$
12	33501184	$2^{12} * 8179$
16	8589082624	$2^{16} * 131059$
56	A	B

　ここで $A = 1038459371706965432031227 0165377024$

$B = 2^{56} * 144115188075855859$

　$a = 24$ を除くと，
$$e \equiv 0 \bmod 4, \quad q \equiv 9 \bmod 10, \quad a \equiv 4 \bmod 10$$
を満たす．すなわち，q の末尾の数は 9，a の末尾の数は 4．ところで元祖完全数では a の末尾の数は 6, 8 であった．

　以上見たように，方程式 $\sigma(a) = 2a + 12$ には解として

　通常解 $a = 6p$，$(2 < 3 < p：素数)$，

　擬素数解 $a = 24 = 2^3 * 3$，$a = 54 = 2 * 3^3$ の他に全く異質のエイリアン解の 3 種類の解がある．

　この他の形の解もあるかもしれない．

4. B 型解のあるとき

完全数 6 の場合 $m=-2\times6$ とおく．$\sigma(a)-2a=-m$ の解には素数 p でかける解 $a=6p$ が無数にあった．これをもとに一般化しよう．

$\sigma(a)-2a=-m$ について B 型解があるとする．すなわち定数 α があり解 $a=\alpha p$（p,α：互いに素）があるとする．$\alpha<p$ は無数の素数．

$\sigma(a)-2a=\sigma(\alpha p)-2\alpha p=\sigma(\alpha)(p+1)-2\alpha p=(\sigma(\alpha)-2\alpha)p+\sigma(\alpha)$

なので，$\sigma(a)-2a=-m$ を思い出すと

$$(\sigma(\alpha)-2\alpha)p+\sigma(\alpha)=-m$$

ゆえに

$$(\sigma(\alpha)-2\alpha)p=-\sigma(\alpha)-m$$

ここで p は無数にある素数なので

$\sigma(\alpha)-2\alpha=0$ かつ $\sigma(\alpha)=-m$ が成り立つ．$\sigma(\alpha)=2\alpha$ なので，定義により α は完全数，かつ $m=-2\alpha$.

完全数の平行移動によりできた式 $\sigma(a)-2a=-m$ に B 型解があるとすると完全数 α が $\alpha=\dfrac{-m}{2}$ として再び登場した．

そもそも完全数が考えられ研究されてきた理由は数学的に深い意味があるわけではなく，ユークリッド以来の伝統に基づく．しかし，ここでは $\sigma(a)-2a=-m$ に B 型解があるという数学的な問いかけに答える形で，完全数が再定義されたのだ．私はこの不思議さに言葉を失いこれを究極の完全数の場合に考えようと思うに至った．

5. 究極の完全数の B 型解

底 が 素 数 P, 平 行 移 動 m の 究 極 の 完 全 数 の 方 程 式 $(q = \mathrm{Maxp}(a))$

$$\overline{P}\sigma(a) - Pa = (P-2)q - m\overline{P}$$

において B 型解があるとする．すなわち定数 α があり解 $a = \alpha p$ (p, α：互いに素，$\alpha < p$) があるとする．p は無数にある素数．そこで $q = p$ になる．

$$\overline{P}\sigma(a) - Pa = \overline{P}\sigma(\alpha p) - P\alpha p$$
$$= p(\overline{P}\sigma(a) - P\alpha) + \overline{P}\sigma(\alpha).$$

$\overline{P}\sigma(a) - Pa = (P-2)q - m\overline{P}$ を使って

$$p(\overline{P}\sigma(\alpha) - P\alpha) + \overline{P}\sigma(\alpha) = (P-2)p - m\overline{P}.$$

p でまとめると

$$p(\overline{P}\sigma(\alpha) - P\alpha - (P-2)) = -\overline{P}\sigma(\alpha) - m\overline{P}.$$

さて p の係数 $\overline{P}\sigma(\alpha) - P\alpha - (P-2)$ を 0 とおくと $\sigma(\alpha) = -m$.

定義 1 $\overline{P}\sigma(\alpha) = P\alpha + (P-2)$ を満たす α を底 P の広義のハイパー完全数 (hyper perfect number) という．

$\overline{P}\sigma(\alpha) = P\alpha + (P-2)$ の解 α は正規形と仮定する．（正規形仮説）

$\alpha = P^f r$, (r：素数) となるので，$W = P^{f+1} - 1$ とおくと

$$\overline{P}\sigma(\alpha) = W(r+1),\ P\alpha = (W+1)r. \quad W = r + P - 2 \qquad (2)$$

$$r = W - P + 2 = P^{f+1} - 1 - P + 2 = P^{f+1} - P + 1.$$

定義 2 $r = P^{f+1} - P + 1$ が素数のとき $\alpha = P^f r$ を狭義のハイパー完全数という．

$\alpha = P^f r$ はユークリッド完全数の一般化であり，これを狭義のハイパー完全数（hyper perfect number）というのである．

5.1　佐藤幹夫氏の思い出

ハイパー完全数（hyper perfect number）という命名には次のような訳があった．

戦後間もないころ，当時東大の大学院学生だった佐藤幹夫氏は，生活を支えるため定時制の高校で非常勤講師として数学を教えていた．

30 を超える歳になりそうなとき，「このままではいけない」と一念発起して独自の観点にたって欧米の数学にはない新しい関数の革新的理論を作った．

シュワルツの超関数（distribution）に対し佐藤先生は自分で感じた違和感をなくすために超関数を新しく定義し，それをhyper function と呼んだ．

考えてみると，その昔，岩村先生がシュワルツの distributionの本を和訳するとき，distribution を超関数と訳したのがきっかけである．名前の衝撃は非常に大きかった．私は高校生のころ，教員の研究室の図書に，岩澤健吉『代数関数論』，高木貞治『解析概論』などと並んで『超関数』があり仰ぎ見るように表紙を外から眺めたものだ．

20 代後半のころ，私は佐藤先生から新しい関数の考えを導入し超関数と命名した経緯を喫茶店で詳しく聞くことができ，非常に大きな感銘を受けた．

「hyper function だとギリシャ語とラテン語が混ざっているのだがね」

と言って笑っていた．

私もいつの日にか数学上の新しい概念を導入することに成功

し「ハイパー何とか」と命名できたらどんなに嬉しいことだろうと思ったものだ.

佐藤先生は 1928 年生まれであり丁度そのころ, 志村五郎, A.Grothendieck も生を受けた. 彼らは 20 世紀数学の主要な建設者であり天才と呼ばれるにふさわしい偉大な数学者である. 私は身近に佐藤先生, 志村先生に接することができた. 大変幸いなことである. Grothendieck と話をしたことはない. しかしコロンビア大学で講義する姿をみた. テーマは数学ではなく, サバイバル運動についてであった. 当時, 彼の取り巻きは社会活動家ばかりで数学者の姿はまったく無かった.

それから半世紀近く経ち, 超完全数の概念を導入するときが来た. 今こそ hyper perfect number と呼ぶことができる.

私の完全数の一般化理論は, アマチュアの数学愛好者が近づきやすい題材として選び研究してきたもので, 海外の研究動向を一切無視して行って来た.

最近, ある熱心なサラリーマンの受講者が完全数研究について海外の文献を調べて見せてくれた. そこには hyper perfect number がずっと前から定義されていた. 用語も同じ, 数学もほとんど同じだった. しいて言えば完全数の平行移動がない.

5.2 先行研究

1970 年に Minoli and Bear は k hyper perfect number を導入した.
Minoli, Daniel; Bear, Robert (Fall 1975), "Hyper perfect numbers", Pi Mu Epsilon Journal, 6 (3) : 153?157.

定義3 自然数 k に関して, $k\sigma(a)=(k+1)a+(k-1)=0$ を満たすとき
a を k-hyper perfect number という.

命 題1 $P=k+1$ が素数で, $Q=P^{i}-P+1$ も素数なら $a=P^{i-1}Q$ は

$$k-\text{hyper perfect number になる}.$$

　私は $P=k+1$ が素数という条件は絶対に必要な条件としていた. その点で条件が強い. hyper perfect number 以外に super perfect number なども考えられていた.

　次に平行移動したハイパー完全数について考える.

禁断の完全数

ハイパー完全数の計算

1. 究極の完全数

自然数 a についてその約数の和を $\sigma(a)$ であらわす.

P を素数とし, 整数 m に関して $\sigma(P^e)+m$ が素数 q のとき $a=P^e q$ を m だけ平行移動した (平行移動 m, ともいう) 底 P の狭義の究極の完全数と呼ぶ. これは次式を満たす.

$$\overline{P}\sigma(a)-Pa=(P-2)\mathrm{Maxp}(a)-m(P-1). \tag{1}$$

ここで $\mathrm{Maxp}(a)$ は a の最大素因子を指している.

この式を満たす a を m だけ平行移動した底が P の広義の究極の完全数と呼ぶ.

> **定義1** $\overline{P}\sigma(a)=Pa+(P-2)$ を満たす a を底 P の広義のハイパー完全数(hyper perfect number)という.

$\overline{P}\sigma(a)=Pa+(P-2)$ の解 a は正規形と仮定する.

$a=P^f r$ (r : 素数) となるので, $W=P^{f+1}-1$ とおくと

$\overline{P}\sigma(a)=W(r+1),\ Pa=(W+1)r.$

これより $\overline{P}\sigma(a)Pa=W-r.$

一方定義により $\overline{P}\sigma(a)-Pa=P-2$ なので $W-r=P-2.$

$r=W-P+2=P^{f+1}-P+1$. 以上の議論によって, 狭義のハイパー完全数を定義する.

定義2 $r = P^{f+1} - P + 1$ が素数のとき $\alpha = P^f r$ を狭義のハイパー完全数という.

1.1 平行移動した超完全数

底が素数 P, 平行移動 m の狭義のハイパー完全数 α の定義:

$r = P^{f+1} - P + 1 + m$ が素数のとき, $\alpha = P^f r$ は平行移動 m の完全数の一般化であり, これを底が素数 P, 平行移動 m の狭義のハイパー完全数という.

α の方程式を求める. $W = P^{f+1} - 1$ とおく. 定義により

$$r = P^{f+1} - P + 1 + m = W - P + m + 2.$$

$$\overline{P}\sigma(\alpha) = \overline{P}\sigma(P^f r) = W(r+1) = Wr + W.$$

$Wr = (P^{f+1} - 1)r = P\alpha - r$ により

$$\overline{P}\sigma(\alpha) = Wr + W = P\alpha - r + W.$$

$r = W - P + m + 2$ により $W - r = P - 2 - m$ なので次の方程式をえる:

$$\overline{P}\sigma(\alpha) = P\alpha + P - 2 - m.$$

この解 α を底が素数 P, 平行移動 m の広義のハイパー完全数という.

究極の完全数と異なり $\mathrm{Maxp}(\alpha)$ が消えている点に注意したい.

1.2 計算例

$P = 3$ のとき広義のハイパー完全数 α の方程式は

$$2\sigma(\alpha) = 3\alpha + 1 - m.$$

表1： $P=3$, $m=0$；広義のハイパー完全数

f	$f \bmod 4$	α	factor
1	1	21	$3*7$
3	3	2133	3^3*79
4	0	19521	3^4*241
5	1	176661	3^5*727

$m=0$ の例では正規形（$3^f q$, q：素数）の解ばかりである．これはすごいことであり，α はハイパー完全数を名乗る資格があると言ってよい．

$m=0$ のとき，$r=3^{f+1}-2$, $\alpha=3^f r$.

$3^2=9\equiv-1$, $\bmod 10$ により指数部分は 4 を法として考える．

究極の完全数の場合は $m=0$ の例でもいささか問題がある．

表2： $P=3$, $m=0$；究極の完全数

a	factor
4	2^2
117	3^2*13
796797	3^6*1093
1212741	3^2*47^2*61

$a=4=2^2$, $a=1212741=3^2*47^2*61$ は美しくない解である．（非正規解がすぐ出て来たのが感心しない理由）

1.3　C 型解

$P=3$, $m=2$ のとき広義のハイパー完全数 α は簡単になる．

表3： $P=3$, $m=2$；広義のハイパー完全数

α	factor
9	3^2
27	3^3
81	3^4
243	3^5
729	3^6
2187	3^7

これは C 型解と言ってよい.

$P = 3$, $m = 2$ のとき，超完全数の方程式
$\overline{P}\sigma(\alpha) = P\alpha + P - 2 - m$ は次の形になる.

$$2\sigma(\alpha) = 3\alpha - 1.$$

この解は劣完全数で $P = 3$, $m = 1$ の場合になり，この場合の解
は概完全数と呼ばれるが $\alpha = 3^e$ しか今のところ見当たらない.
これも未解決の課題であり，現在の数学が力及ばず解けないま
ま残っている難問と言ってよい.

1.4 A 型解を求める

A 型解を求めるには m に対して $r = 3^{e+1} - 2 + m$ が素数になる
e を計算機で求め $\alpha = 3^e r$ とおけばよい.

表4： $P = 3$, $m = 0$；ハイパー完全数の正規解

α	factor
21	$3 * 7$
2133	$3^3 * 79$
19521	$3^4 * 241$
176661	$3^5 * 727$
129127041	$3^8 * 19681$
328256967373616371221	$3^{21} * 31381059607$

α の末尾 1 桁は 1 または 3.

表5： $P = 3$, $m = 6$；ハイパー完全数の正規解

α	factor
39	$3 * 13$
279	$3^2 * 31$
178119	$3^5 * 733$
129166407	$3^8 * 19687$
1162340199	$3^9 * 59053$
328256967436378490439	$3^{21} * 31381059613$
1413038609173900902627 4270599	$3^{29} * 205891132094653$

α の末尾 1 桁は 9.

1.5 $P = 3$, $m = 6$, 10 のときの広義のハイパー完全数

表 6： $P = 3$, $m = 6$；広義の超完全数

α	factor
7	7
39	$3 * 13$
279	$3^2 * 31$
178119	$3^5 * 733$

表 7： $P = 3$, $m = 10$；広義のハイパー完全数

α	factor
11	11
35	$5 * 7$
51	$3 * 17$
2403	$3^3 * 89$
20331	$3^4 * 251$
54723	$3 * 17 * 29 * 37$
68643	$3^2 * 29 * 263$
103683	$3 * 17 * 19 * 107$

表 8： $P = 3$, $m = 14$；

α	factor
25	5^2
20877183	$3^4 * 373 * 691$

20877183 は大きな D 型解である．これは次の D 型解の計算法
で求められる．

1.6 D 型解

　$m = 10$ のとき初めて D 型の広義のハイパー完全数，すなわ
ち D 型解 $\alpha = 6864 = 3^2 * 29 * 263$ が出現したのでこれを詳しく
調べよう．

　$2\sigma(\alpha) = 3\alpha + 1 - m$ に D 型解 $\alpha = 3^e rq$，$(2 < r < q：素数)$，が

あると仮定する.

$N = 3^{e+1} - 1$, $\tilde{r} = r+1$, $\tilde{q} = q+1$, $A = \tilde{r}\tilde{q}$, $B = rq$, $\Delta = r+q$ を使うと式の整理がうまくできて

$$2\sigma(\alpha) = NA = N(B+\Delta+1),\ 3\alpha+1-m = (N+1)B+1-m.$$

これより

$$2\sigma(\alpha) = N(B+\Delta+1) = NB+N\Delta+N$$
$$= (N+1)B+1-m = NB+B+1-m.$$

よって, $B-N\Delta = N+m-1$.

$$r_0 = r-N,\ q_0 = q-N,\ B_0 = r_0 q_0\ とおくとき$$
$$B_0 = r_0 q_0 = B-\Delta N+N^2.$$

以上の式によって

$$B_0 = N-\Delta N+N^2 = N+m-1+N^2.$$

$D = N^2+N+m-1$ と定義する.

そこで, 話を次のように進める. $e>0$ を1つ決めて $N = 3^{e+1}-1$ を計算し, $D = N^2+N+m-1$ を次のように積に分解する. $r_0 q_0 = D$.

$r = r_0+N$, $q = q_0+N$ ともに素数なら, 解 $\alpha = 3^e rq$ をえる.

1.7 計算例

$m = 4$ で $D = 705 = 3 * 5 * 47$.

$e = 2$ のとき,

$\alpha = 46593 = 3^2 * 31 * 167$ と $\alpha = 26937 = 3^2 * 41 * 73$

$m = 5$ で $D = 530715 = 3 * 5 * 35381$.

$e = 5$ のとき,

$$\alpha = 19035755649 = 3^5 * 733 * 106871,$$
$$\alpha = 6519443841 = 3^5 * 743 * 36109.$$

$m = 10$ で $e = 2$ のとき $D = 711 = 3^2 * 79$ で

$\alpha = 68643 = 3^2 * 29 * 263$ が解.

$e = 3$ のとき $D = 6489 = 3^2 * 7 * 103$ で

$\alpha = 5026563 = 3^3 * 83 * 2243$ と $\alpha = 3^3 * 101 * 389$ となり解が2個.

$m = 14$ で $D = 58819 = 131 * 449$.

$e = 4$ のとき $\alpha = 20877183 = 3^4 * 373 * 691$ が解.

$m = 16$ で解を探してみた.

$e = 1$ のとき $D = 87 = 3 * 29$.

$\alpha = 1221 = 3 * 11 * 37$ が解.

1.8 B型解

$m = -5$ のとき定義式は $2\sigma(\alpha) = 3a + 6$. 次の計算結果によると $a = 8$, $\alpha = 2p$
($p \neq 2$, 素数) は解である.

表9: $P = 3$, $m = -5$;

α	factor	$\sigma(\alpha)$
6	$2 * 3$	12
8	2^3	15
10	$2 * 5$	18
14	$2 * 7$	24
22	$2 * 11$	36
26	$2 * 13$	42
34	$2 * 17$	54
38	$2 * 19$	60
46	$2 * 23$	72
58	$2 * 29$	90

命題1　$2\sigma(\alpha) = 3\alpha + 6$ の解が $\alpha = 2^e L$（L：奇数）となると
する．このとき $e = 1$，L：素数．

$N = 2^{e+1} - 1$ とおくと，

$2\sigma(a) = 2N\sigma(L)$，$3\alpha + 6 = 3 * 2^e L + 6$ によって，

$$2N\sigma(L) = 3 * 2^e L + 6.$$

2倍すると

$$4N\sigma(L) = 3 * 2^{e+1} L + 12 = 3(N+1)L + 12.$$

1）$L = 1$ のとき，

　　$4N = 3(N+1) + 12$ なので，$N = 15$．よって，$e = 3$，$\alpha = 8$．
これが解．

2）$L \geqq 3$ のとき，

　　$\sigma(L) \geqq L + 1$ を用いて，

$$3(N+1)L + 12 \geqq 4N(L+1).$$

　　ゆえに $3L + 12 \geqq NL + 4N$．式変形して

$$(3-N)L \geqq (N-3)L + 4(N-3).$$

　　$N \geqq 3$ に注意して

$$0 \geqq (N-3)(L+4).$$

　　$N = 2^{e+1} - 1 \geqq 3$ により $N = 3$，$e = 1$．　$N = 3$，$3 * 2^e = 6$ に
より

$$6\sigma(L) = 6L + 6.$$

　　$\sigma(L) = L + 1$ が出るので，L：素数．

この場合，解が $2p$ なので B 型解．他に B 型解はないだろう．

2. 弱ハイパー完全数

$r = P^{f+1} - P + 1$ が素数のとき $\alpha = P^f r$ を狭義のハイパー完全数という．

少し一般化して r が素数という条件をはずした場合 r を超メルセンヌ 数，さらに $\alpha = P^f r$ を狭義の弱ハイパー完全数という．

$P = 5,\ m = 0$ のとき弱超完全数は下 3 桁が 625 になる．これを以下で示す．

$f = 4, 6, 14$ のとき r は素数になり，α はハイパー完全数になる．一般に f が奇数なら $f+1$ は偶数 $2t$ となり $r = 5^{f+1} - 2^2$ は因数分解できる．（したがってこの場合を除外してもよい）

超メルセンヌ 数では $f > 1$ のときその下 3 桁は 121 または 621 である．f が偶数なら 下 3 桁は 121．弱ハイパー完全数の下 3 桁は 525．元祖完全数の下 1 桁は 6 または 8 になるという性質の類似である．

表 10： $P = 5,\ m = 0$; 超メルセンヌ数 r と弱ハイパー完全数 α

f	α	r	factor	素数か？
1	105	21	$3 * 7$	
2	3025	121	11^2	
3	77625	621	$3^3 * 23$	
4	1950625	3121	3121	素数
5	48815625	15621	$3 * 41 * 127$	
6	1220640625	78121	78121	素数
7	30517265625	390621	$3 * 7 * 11 * 19 * 89$	
8	762937890625	1953121	$29 * 67349$	
9	19073478515625	9765621	$3^2 * 53 * 59 * 347$	
10	476837119140625	48828121	$61 * 709 * 1129$	
14	186264514898681640625	30517578121	$--$	素数

命題2　$P=5$ のとき超メルセンヌ素数下3桁は121で弱ハイパー完全数の下3桁は625.

最初に一般論を述べる.

事実1　$a,b>1$ を互いに素な自然数とし $c=ab$ とおく.
$1=ax+by$ を満たす整数 x,y を互除法で求める.
$A=by$, $B=ax$ とおく. すると, $1=A+B$, $AB \equiv 0 \bmod c$.
$A \equiv 1 \bmod a$, $B \equiv 1 \bmod b$.

与えられた自然数 r に対して $r_1 \equiv r \bmod a$, $r_2 \equiv r \bmod b$ を満たす r_1, r_2 をとる. $C=Ar_1+Br_2$ とすれば,
$$C \equiv Ar_1 \equiv r_1 \equiv r \bmod a \ ; \ C \equiv Br_2 \equiv r_2 \equiv r \bmod b.$$
ゆえに, $C \equiv r \bmod c$.

2.1 計算

$a=125$, $b=8$ とおくと $c=1000$. 互除法により $ax+by=1$ となる x,y を求めると $x=-3$, $y=47$ となり, $A=by=376$, $B=ax=-375$.

$r=5^{f+1}-4$ に対して, f が偶数で $f=2g$ と書けるとき $r=5^{2g+1}-4 \equiv r_1 = 121 \bmod 125$, $r=5^{2g+1}-4r_2 \equiv r_2 = 1 \bmod 8$.

$C=Ar_1+Br_2 = 376*121-375 = 45121 \equiv 121 \bmod 1000$.
f が奇数なら $C \equiv 621 \bmod 1000$ も同様に示される. これより 弱ハイパー完全数の下3桁は525となる.

超メルセンヌ素数

1. m だけ平行移動したハイパー完全数

自然数 a についてその約数の和を $\sigma(a)$ であらわす.

P を素数とし,整数 m に関して $\sigma(P^e)+m$ が素数 q のとき $a=P^e q$ を m だけ平行移動した底が P の狭義の究極の完全数と呼ぶ.これは次の式を満たす.

$$\overline{P}\sigma(a)-Pa=(P-2)\mathrm{Maxp}(a)-m(P-1). \qquad (1)$$

ここで $\mathrm{Maxp}(a)$ は a の最大素因子を指している.

この式を満たす a を m だけ平行移動した底が P の広義の究極の完全数と呼ぶ.

底が素数 P,平行移動 m の狭義の超完全数 α の定義:

$r=P^{f+1}-P+1+m$ が素数のとき,$\alpha=P^f r$ は完全数の一般化であり,これを底が素数 P,平行移動 m の狭義のハイパー完全数という.

次にこの方程式を求める.$W=P^{f+1}-1$ とおく.定義により $r=P^{f+1}-P+1+m=W-P+m+2.$

$$\overline{P}\sigma(\alpha)=\overline{P}\sigma(P^f r)=W(r+1)=Wr+W.$$

$Wr=(P^{f+1}-1)r=P\alpha-r$ により

$$\overline{P}\sigma(\alpha)=Wr+W=P\alpha-r+W.$$

$r=W-P+m-2$ より次の方程式をえる:

$$\overline{P}\sigma(\alpha) = P\alpha + P - 2 - m.$$

この解 α を底が素数 P, 平行移動 m の広義のハイパー完全数という.

2. 究極の完全数とハイパー完全数

底 P, 平行移動 m の究極の完全数の方程式
$$\overline{P}\sigma(a) - Pa = (P-2)q - m\overline{P}.$$
において, $a = P^e r p$, $(P < r < p$：素数$)$ を解とする. $q = p$ となる.

ここで最大素因子 q に関係しない解 a を探す. これはいわゆる B 型の解なのである.

$N = P^{e+1} - 1$, $A = (r+1)(p+1)$, $B = rp$, $\Delta = r+p$ とおくとき

$\overline{P}\sigma(a) - Pa = NA - (N+1)B = N(\Delta+1) - B$ なので究極の方程式から

$$N(\Delta+1) - B = (P-2)p - m\overline{P}.$$

$N(r+p+1) - rp = (P-2)p - m\overline{P}$ を p について整理すると
$$p(N-r-P+2) + N(r+1) + m\overline{P} = 0.$$

ここで, p の係数 $N-r-P+2$ を 0 とし, さらに $N(r+1) = m\overline{P} = 0$ が成り立つとして関係式を決定する. $N-r-P+2 = 0$ から $r = N-P+2 = P^{e+1} - P + 1$ が導かれる. これが素数になるというのが条件である.

この素数を超メルセンヌ素数という. $\alpha = P^e r$ は狭義のハイパー完全数になる.

r が素数でない場合をこめて一般に $r = P^{e+1} - P + 1$ を弱超メルセンヌ素数という. このとき $\alpha = P^e r$ を弱ハイパー完全数という.

3. 狭義のハイパー完全数から定まった平行移動 m の究極の完全数

狭義の超完全数 $a=P^e r$ が B 型解をもつ場合の関係式 $N(r+1)+m\overline{P}=0$ を次のように書き直す.
$$-m=(1+P+\cdots+P^e)(r+1).$$
この m について平行移動 m の究極の完全数を求める. すなわち次の方程式の解を求める.
$$\overline{P}\sigma(a)-Pa=(P-2)q-m\overline{P}.$$

4. 超メルセンヌ素数の諸例

$P=7$ の場合も超メルセンヌ素数を示す.

表1: $P=3$ の超メルセンヌ素数 r

e	r
1	7
3	79
4	241
5	727
8	19681

表2: $P=7$ の超メルセンヌ素数 r

e	r
1	43
2	337
5	117643
8	40353601

4.1 $P=2$ のときの説明

さて $-m=(1+P+\cdots+P^e)(r+1)$ で定まる m について平行移動した究極の完全数 a を求める. すなわち次の方程式の解を求

める.

$$\overline{P}\sigma(a) - Pa = (P-2)q - m\overline{P}.$$

これは B 型解を持つから興味がある.

わかりやすくするため, $P=2$ のときに戻る.

狭義の超完全数 $a = P^e r$ は $P=2$, $e=1$, $r=3$ のとき

$a = P^e r = 6$, $-m = (1+P+\cdots+P^e)(r+1) = 3 * 4 = 12$.

これは完全数 6 の 2 倍の 12. $m = -12$ になる.

$\sigma(a) = 2a + 12$ の解は通常解 $6p$ 以外に擬素数解, エイリアン解 (ここでは A 型解になる) などあった.

これらは非通常解であって A 型解. これらもエイリアン.

$P>2$ のときにもエイリアン解のような面白い解を見つけよう. これが研究の動機である.

表 3： $\sigma(a) - 2a = 12$ の A 型解

e	a	factor
4	304	$2^4 * 19$
8	127744	$2^8 * 499$
12	33501184	$2^{12} * 8179$

4.2　$P=3$, $e=1$, $r=7$ の場合

$-m = (1+P+\cdots+P^e)(r+1) = 4*8 = 32$ なので究極の方程式は $2\sigma(a) - 3a = q + 2*32$.

表 4： $2\sigma(a)-3a = q+2*32$ の解

a	factor
231	3 * 7 * 11
273	3 * 7 * 13
357	3 * 7 * 17
399	3 * 7 * 19
483	3 * 7 * 23
609	3 * 7 * 29
651	3 * 7 * 31
777	3 * 7 * 37

表 5： $2\sigma(a)-3a = q+2*32$ の解，続き

a	factor
7077	3 * 7 * 337
7209	$3^4 * 89$
7287	3 * 7 * 347

多くの解は $a=3*7*p$ の形である．いわゆる通常解 $a=7209=3^4*89$ がエイリアン．

5. A 型解

$2\sigma(a)-3a = q+2*32$ の正規解を $a=3^e q$，（q：素数）として求める．

$N = 3^{e+1}-1$ とおくとき

$$q+2*32 = 2\sigma(a)-3a = N(q+1)-(N+1)q = N-q.$$

これより $2q = N-64 = 3^{e+1}-65$ とおき，e を動かして，素数 q を見出す．

表6： $2\sigma(a)-3a=q+2*32$ の A 型解

e	q	factor
4	89	89
6	1061	1061

A 型解（正規解） $a=3^4*89,\ 3^6*1061$ が発見された．

5.1　 $P=3,\ e=3,\ r=79$ の場合

$P=3,\ e=3$ の場合 $r=79,\ -m=40*80=3200$ なので方程式は

$$2\sigma(a)-3a=q+2*3200.$$

その解は恐るべきものだった．

表7： $2\sigma(a)-3a=q+2*3200$ の解

a	factor
58851	$3^2*13*503$
177039	$3^3*79*83$
189837	$3^3*79*89$
206901	$3^3*79*97$
215433	$3^3*79*101$
219699	$3^3*79*103$
228231	$3^3*79*107$
816939	$3^3*79*383$
829737	$3^3*79*389$

中略

表8： $2\sigma(a)-3a=q+2*3200$ の解，続き

e	r
1960227	$3^3*79*919$
1981557	$3^3*79*929$
1998621	$3^3*79*937$

表 7 の最初の解 $a=58851=3^2*13*503$ が理解できない．それ以外は通常解 3^3*79*q である．

5.2　$m = -3200$

$m = -3200$ のとき A 型解を探す.

上記の, e, r に対して $\alpha = 3^e r$ が A 型解. これらもエイリアン.

表 9：$m = -3200$　A 型解の超メルセンヌ数

e	r
26	3812798739293
34	25015772549496653
44	14771563532754416846121

6. 第二正規解

平行移動 m のハイパー完全数の D 型解（第二正規解）を求める. そのため, $\overline{P}\sigma(a) = P\alpha + (P-2) - m$ の解に第二正規解の解 $\alpha = P^e rq$, ($P < r < q$：素数), となる解があるとする.

$W = P^{e+1} - 1$ とおくとき

$\tilde{r} = r+1,\ \tilde{q} = q+1,\ A = \tilde{r}\tilde{q},\ \overline{P}\sigma(\alpha) = W\tilde{r}\tilde{q} = WA,$

$B = rq,\ \Delta = r+q,\ X = (P-2) - m,\ P\alpha = (W+1)B$ を用いて

$$\text{左辺は } \overline{P}\sigma(\alpha) = W\tilde{r}\tilde{q} = WA = W(B+\Delta+1)$$

$$\text{右辺は } P\alpha + (P-2) - m = (W+1)B + X.$$

よって

$$W(B+\Delta+1) = (W+1)B + X.$$

これより

$$W\Delta + W = B + X.$$

よって, $W - X = B - W\Delta.$

$r_0 = r - W,\ q_0 = q - W,\ B_0 = r_0 q_0$ とおくとき

$$B_0 = r_0 q_0 = B - \Delta W + W^2.$$

$$B_0 = B - \Delta W + W^2 = W - X + W^2$$

$D = W^2 + W - X$ とおくとき $B_0 = D$.

与えられた P, m に適切な自然数 e を取り $W = P^{e+1} - 1$, $X = (P-2) - m$ とおき，$D = W^2 + W - X$ と定める.

$B_0 = D$ と 2 因子分解を行い得られた r_0, q_0 について $r = r_0 + W$, $q = q_0 + W$ がともに素数なら解 $\alpha = P^e rq$ が得られる.

6.1 計算例

$P = 3$, $m = 4$, $e = 1$ のとき，$D = 75 = [3, 5^2]$,

$W = 8$, $r_0 = 5$, $q_0 = = 15$, $r = 13$, $q = 23$.

よって $897 = 3 * 13 * 23$ が解.

$P = 3$, $m = 4$, $e = 2$ のとき $D = 705 = [3, 5, 47]$.

$W = 26$, $r_0 = 15$, $q_0 = 47$. $r = 41$, $q = 73$.

$a = 46593 = 3^2 * 31 * 167$, $a = 26937 = 3^2 * 41 * 73$ が解.

$P = 3$, $m = 10$, $e = 2$ のとき，$D = 711 = 3^2 * 79$.

$r_0 = 3$, $q_0 = 237$, $r = 29$, $q = 263$ であり解 $\alpha = 68643 = 3^2 * 29 * 263$ をえる.

$P = 3$, $m = 10$, $e = 3$ のとき $D = 6489 = [3^2, 7, 103]$ であり解 $a = 5026563 = 3^3 * 83 * 2243$, $a = 1060803 = 3^3 * 101 * 389$ をえる.

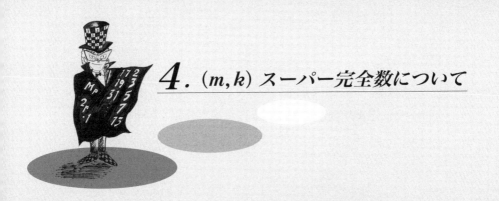

4. (m, k) スーパー完全数について

完全数が各種スーパー完全数に進化

1. 完全数の m だけ平行移動

完全数の定義を知っている方も多いだろう．しかし学校数学では扱わないので最初から説明する．学校の数学でも完全数の研究から等比数列の和の公式が 2000 以上前にできた，などを説明したら数学の文化的側面に関心が深まるだろう．

a の約数の和を $\sigma(a)$ で示す．

定義1 $\sigma(a) = 2a$ のとき a を**完全数**という．

$a = 6, 28, 496, 8128$ はその例

エウクレイデス（ユークリッド）の原論の最後の主張は $q = 2^{e+1} - 1$ が素数なら $a = 2^e q$ が完全数になるということである．

整数 m を決め m だけ平行移動した狭義の完全数 α を次のように導入する． $q = 2^{e+1}-1+m$ が素数になる e によって $\alpha = 2^e q$ と書けるとき．α を m だけ平行移動した狭義の完全数という．

$a = 2^e$ および $N = 2^{e+1}-1$ とおくと， $N = \sigma(a)$, $q = N+m = \sigma(a)+m$, $q+1 = 2a+m$ を満たす．

$Nq = (2a-1)q = 2a-q$, $N-q = -m$ に注意して

$$\sigma(\alpha) = \sigma(2^e)\alpha(q)$$
$$= Nq+N$$
$$= 2a-q+N$$
$$= 2a-m.$$

かくしてできた $\sigma(\alpha) = 2a-m$ を α を未知数とみることにして平行移動 m の完全数の方程式とみなす．

この解 α を平行移動 m の（広義）完全数（perfect number with translation parameter m）という．

平行移動を考えることにより研究すべき完全数が飛躍的に増え豊富な結果が得られるようになった．

$m = 0$ の場合は α：偶数なら $\alpha = 2^e q$, $(q = 2^{e+1}-1)$ が素数，と書けることをオイラーが示した．

与えられた m に対し平行移動 m の（広義）完全数を決定することはどの m についてもできていない．

2. スーパー完全数

$\sigma^2(a) = \sigma(\sigma(a))$ とする.

$\sigma^2(a) = 2a$ を満たす a を**スーパー完全数**(Super perfect numbers)と呼ぶ.

これは D. Suryanaryana により 1969 年に導入された.

偶数スーパー完全数は 2 のべき,すなわち $a = 2^e$ となることも彼により示された.

しかも,このとき,$q = 2^{e+1} - 1$ は素数になり,$a = 2^e q$ はユークリッドの完全数である. これは著しい結果である.

パソコンで計算してみても奇数スーパー完全数は見つからない.

表 1: $\sigma^2(a) = 2a$ のとき(スーパー完全数)

a	素因数分解	q	q の素因数分解
2	2	3	3
4	2^2	7	7
16	2^4	31	31
64	2^6	127	127
4096	2^{12}	8191	8191
65536	2^{16}	131071	131071

3. スーパー完全数の一般化

Wikipedia の Super perfect numbers にはスーパー完全数の一般化が出ている.

$\sigma^2(a)$ を一般にして m 回 $\sigma(\ )$ を合成した関数を考え $\sigma^m(a)$ とおく.

$\sigma^m(a) = 2a$ をスーパー完全数の一般化と考え,m – スーパー

完全数と言う．しかし $m \geq 3$ のとき偶数の解は存在しない．

一般に $k \geq 3$ について $\sigma(a) = ka$ を満たす解を k 重完全数と言う．

そこで $\sigma^m(a) = ka$ を満たす解を（m, k）**スーパー完全数**と言う．

次の結果は目覚しいものである．

定理 1（Suryanaryana）

$\sigma^2(a) = 2a$ の解 a は偶数と仮定すると，完全数の 2 べき部分となる．

Proof

$A = \sigma(a)$ とおくと $\sigma(A) = 2a$.

a を偶数と仮定すると $a = 2^e L$, $e > 0$, L：奇数，となる．$N = 2^{e+1} - 1$ を使うと，$A = \sigma(a) = N\sigma(L)$, $2a = (N+1)L$.

$L > 1$ とするとき，$A = N\sigma(L)$ により，$\sigma(L)$ は A の自明でない約数なので，$\sigma(A) \geq 1 + A + \sigma(L) > 1 + NL + L$.

$$2a = (N+1)L = \sigma(A) > 1 + NL + L.$$

これで矛盾．よって $L = 1$ なので，$a = 2^e$.

これより，$A = \sigma(a) = N$, $N + 1 = 2a = \sigma(A) \geq A + 1 = N + 1$ により，

$\sigma(A) = A + 1$. ゆえに $A = N = 2^{e+1} - 1$ は素数．

命題 1　$\sigma^3(a) = 2a$ の解 a は偶数と仮定すると，矛盾する．

Proof

$A = \sigma(a)$, $B = \sigma(A)$ とおくと $\sigma(B) = 2a$.

a を偶数と仮定すると $a = 2^e L$, $e > 0$, L：奇数，となり前の証明と同様に，$L = 1$.

これより $a = 2^e$.

$A = \sigma(a) = 2a - 1$.

$2a = \sigma(B) \geqq B + 1 = \sigma(A) + 1 \geqq A + 2 = 2a + 1$. よって, 矛盾.

End

$\sigma^3(a) = 2a$ の解は奇数の解も無いと思われるが証明できていない.

同様に $k \geqq 3$, $\sigma^k(a) = 2a$ とすると, a は偶数の仮定から矛盾が出る.

4. $(1, k)$ 完全数

(m, k) スーパー完全数について $m = 1$ の場合 $k = 2$ なら普通の完全数なので略す.

$k = 3$ なら 3 倍完全数という. 一般に多重完全数という.

表 2 : $[P = 2, k = 3, 4, 5]$ 多重完全数 (Wolfram MathWorld より)

a	素因数分解
$k = 3$	
120	$2^3 * 3 * 5$
672	$2^5 * 3 * 7$
523776	$2^9 * 3 * 11 * 31$
459818240	$2^8 * 5 * 7 * 19 * 37 * 73$
1476304896	$2^{13} * 3 * 11 * 43 * 127$
51001180160	$2^{14} * 5 * 7 * 19 * 31 * 151$
$k = 4$	
30240	$2^5 * 3^3 * 5 * 7$(デカルト 1638)
32760	$2^3 * 3^2 * 5 * 7 * 13$
2178540	$2^2 * 3^2 * 5 * 7^2 * 13 * 19$
23569920	$2^9 * 3^3 * 5 * 11 * 31$
$k = 5$	
14182439040	$2^7 * 3^4 * 5 * 7 * 11^2 * 17 * 19$(デカルト 1638)
31998395520	$2^7 * 3^5 * 5 * 7^2 * 13 * 17 * 19$

5.（$2, k$）完全数

$m = 2$ の場合は次の通り.

表 3： $\sigma^2(a) = ka$ のとき（スーパー完全数）

a	素因数分解
$k = 2$	完全数の 2 べき部分
2	2
4	2^2
16	2^4
64	2^6
4096	2^{12}
65536	2^{16}
$k = 3$	
8	2^3
21	$3 * 7$
512	2^9
$k = 4$	
15	$3 * 5$
1023	$3 * 11 * 31$
29127	$3 * 7 * 19 * 73$
$k = 6$	
42	$2 * 3 * 7$
84	$2^2 * 3 * 7$
160	$2^5 * 5$
336	$2^4 * 3 * 7$
1344	$2^6 * 3 * 7$
86016	$2^{12} * 3 * 7$
$k = 7$	
24	$2^3 * 3$
1536	$2^9 * 3$
47360	$2^8 * 5 * 37$

これらの解を素因数分解をみながらその特徴を考えてみよう.

$2^e q$（q：奇素数）の解を A 型， $2^e qr$（$q < r, q, r$：奇素数）の解を D 型という.

この形の解が多い.

$k = 4$ の場合はその解が $3 * q$, $3 * q * r$, $3 * q * r * s$ の形なのが不思議である.

表4: $\sigma^2(a) = ka$ のとき,つづき

a	素因数分解
$k = 8$	
60	$2^2 * 3 * 5$
240	$2^4 * 3 * 5$
960	$2^6 * 3 * 5$
4092	$2^3 * 3 * 11 * 31$
16368	$2^4 * 3 * 11 * 31$
58254	$2 * 3 * 7 * 19 * 73$
61440	$2^{12} * 3 * 5$
65472	$2^6 * 3 * 11 * 31$
$k = 9$	
168	$2^3 * 3 * 7$
10752	$2^9 * 3 * 7$
$k = 10$	
480	$2^5 * 3 * 5$
504	$2^3 * 3^2 * 7$
13824	$2^9 * 3^3$
32256	$2^9 * 3^2 * 7$
32736	$2^5 * 3 * 11 * 31$

6. $(3, k)$ 完全数

表5: $\sigma^3(a) = ka$ のとき(スーパー完全数)

a	素因数分解
$k = 5$	
52	$2^2 * 13$
$k = 6$	
98	$2 * 7^2$
$k = 10$	
12	$2^2 * 3$
156	$2^2 * 3 * 13$
32704	$2^6 * 7 * 73$
$k = 12$	
14	$2 * 7$

7. 定数部

（m, k）スーパー完全数の定義は $\sigma^m(a) = ka$ である．

a を未知数と見れば，ka は比例式に過ぎない．そこで定数部を付加して

$\sigma^m(a) = ka - 1$ を扱ってみる．

表6： $\sigma^3(a) = ka - 1$ のとき（スーパー完全数）

a	素因数分解
$k = 4$	完全数の2べき部分（By Takahashi）
2	2
4	2^2
16	2^4
64	2^6
4096	2^{12}
$k = 5$	
21	$3 * 7$
$k = 7$	
223	223
$k = 8$	
905	$5 * 181$
$k = 11$	
632	$2^3 * 79$

$k = 4$ のとき式は $\sigma^3(a) = 4a - 1$ となる．

私が式 $\sigma^2(a) = 2a$ を当時小学校4年生高橋洋翔君に紹介したら彼は $\sigma^2(a) = 2a$ に σ をつけ加えて $2a = 2^{e+1}$ なので

$$\sigma^3(a) = \sigma(2a) = \sigma(2^{e+1}) = 2^{e+2} - 1 = 4a - 1$$

と説明してくれた．

そこでさっそくパソコンで $\sigma^3(a) = 4a - 1$ を満たす a を調べると完全数の2べき部分になる．

そこでオイラーと同じく a が偶数の場合に限って

$\sigma^3(a) = 4a-1$ を満たす a は完全数の 2 べき部分になるかという問題ができた．しかし証明ができない．

スーパー完全数より難しいのでウルトラ完全数と呼ぶことにしよう，などど話した．

8. 別の考え

Suryanaryana によるスーパー完全数 $\sigma^2(a) = 2a$ がうまく行ったからと言って，$k \geqq 3$, $\sigma^k(a) = 2a$ を考えるという発想が貧困に過ぎる．

定義に戻り $2a$ がなぜ出てくるか考えてみよう．$a = 2^e$ とすると $\sigma(a) = 2a-1$ ということにある．

$a = 3^e$ とすると $2\sigma(a) = 3a-1$ なので，ここに注目する．

$q = \sigma(a) + m$：素数と仮定する．

$q = \sigma(a) + m = \dfrac{3a-1}{2} + m$, $q+1 = \dfrac{3a+1}{2} + m$.

$A = \sigma(a) + m$ とおくとき，$\sigma(A) = q+1 = \dfrac{3a+1}{2} + m$.

$2(\sigma(A) - m) = 3a+1$ を書き直して

$$2\sigma(A) = 3a + 2m + 1.$$

これについては次号で詳しく説明する．

9. 近接完全数

近接完全数（near perfect number）はシェルピンスキーにより導入された．

　自然数 a について，その約数の和 $\sigma(a)$ が $2a$ が完全数．a の約数 d を固定し d を除く約数の和が $2a$ のとき，a を d に関して近接完全数という．

　すると，これは $-d$ だけ平行移動した完全数になる．

スーパー双子素数を探そう

1. 平行移動 m,底を素数 P とするスーパー完全数

　底を素数 P とするとき,平行移動 m のスーパー完全数の定義は次の通り.

　指数 e について,$a = P^e$ とおいて,平行移動のパラメタを m としさらに $q = \sigma(a) + m$ は素数と仮定する.したがって $\sigma(q) = q + 1$ となる.

　あらためて,$A = \sigma(a) + m$ とおき,$\sigma(A) = q + 1$ に注目する.

　$\overline{P} = P - 1$,$W = P^{e+1} - 1$ とおくとき,$q - m = \sigma(a) = \dfrac{W}{P}$ になり,

$$\sigma(A) = q + 1 = \frac{W}{P} + 1 + m = \frac{W + \overline{P}(1+m)}{P} = \frac{P^{e+1} + P - 2 + m\overline{P}}{P}$$

これより

$$\overline{P}\,\sigma(A) = aP + P - 2 + m\overline{P}.$$

　$a = P^e$ であったことはすっかり忘れて,以上を基に次のように定義する.

定理 1　$A = \sigma(a) + m$, $\overline{P}\,\sigma(A) = aP + P - 2 + m\overline{P}$ を m だけ平行移動した素数 P を底とする平行移動 m のスーパー完全数の連立方程式,その解を平行移動 m,素数 P を底とするスーパー完全数という.

A は P を底とするスーパー完全数 a のパートナーと呼ばれる.

> **補題1** P を底とする平行移動 m のスーパー完全数が $a = P^e$ と書けるときパートナー A は素数になる.

Proof

$a = P^e$ として $\overline{P} = P-1,\ W = P^{e+1}-1$ とおくとき,

$$A = \sigma(a) + m = \frac{W}{P} + m.$$

定義式 $\overline{P}\sigma(A) = aP + P - 2 + m\overline{P}$ を $\overline{P}$ で割ると

$$\sigma(A) = \frac{W + (m+1)\overline{P}}{\overline{P}} = \frac{W}{\overline{P}} + m + 1.$$

$A = \sigma(a) + m = \dfrac{W}{P} + m$ により $\dfrac{W}{\overline{P}} + m + 1 = A + 1$ が成り立つ

ので, $\sigma(A) = A + 1$.

よって A は素数. End.

2. オイラーの定理の類似

> **定理1** 解 a が $A = \sigma(a)$, $\overline{P}\sigma(A) = aP + P - 2$ を満たすとき（すなわち $m = 0$ のとき）解が P の倍数なら a は P のべき.

Proof

解 a は P の倍数と仮定したので, $a = P^e L,\ (P \nmid L)$ と書ける. よって, L は a の約数.

さて $W = P^{e+1}-1$ とおくとき,

$$A = \sigma(a) = \sigma(P^e)\sigma(L) = \frac{W\sigma(L)}{\overline{P}}.$$

$W_0 = 1 + P + P^2 + \cdots + P^e$ とおくと, $W_0 = \dfrac{W}{P}$.

さらに $A = W_0 \sigma(L)$

$A = \sigma(a) = W_0 \sigma(L)$ によって, $L > 1$ を仮定すると,

$\sigma(L) \geqq 1 + L.$ $\sigma(L) \neq 1$, A であり, これらは A の約数なので

$$\sigma(A) \geqq 1 + A + \sigma(L) > 1 + W_0 \sigma(L) + L.$$

$\overline{P}$ を乗じると,

$$\overline{P}\sigma(A) > \overline{P} + \overline{P}W_0\sigma(L) + \overline{P}L = \overline{P} + W\sigma(L) + \overline{P}L.$$

一方, $W = P^{e+1} - 1$ により,

$$aP + P - 2 = P^{e+1}L + P - 2$$
$$= (W+1)L + P - 2.$$

かくして $\overline{P}\sigma(A) = aP + P - 2$ を満たすから

$$(W+1)L + P - 2 = aP + P - 2$$
$$= \overline{P}\sigma(A) > \overline{P} + W\sigma(L) + \overline{P}L.$$

ゆえに,

$$(W+1)L + P - 2 > \overline{P} + W\sigma(L) + \overline{P}L$$
$$\geqq P - 1 + W(L+1) + L(P-1)$$
$$\geqq P - 1 + WL + W + L(P-1)$$
$$> P - 1 + WL + W + L.$$

これは矛盾.   End

よって, $L = 1$ が示されたので解は $a = P^e$. ここで, $A = \sigma(a) = \dfrac{W}{P} = W_0$ は素数. これを底 P の一般 Mersenne 素数という.

次に計算例を示す.

2.1 一般 Mersenne 素数

表1　$P=2$：Mersenne 素数

e	$q=1+P+\cdots+P^e$	$\alpha=aq$ ：完全数
1	3	6
2	7	28
4	31	496
6	127	8128
12	8191	33550336
16	131071	8589869056
18	524287	137438691328
30	2147483647	2305843008139952128（Euler）
60	2305843009213693951	X

$X = 2658455991569831744654692615953842176$

表2　$P=3$：一般 Mersenne 素数

e	$q=1+P+\cdots+P^e$	$\alpha=aq$
2	13	117
6	1093	796797
12	797161	423644039001
70	3754733257489862401973357979128773	Y

$Y=9398681223266955568884336291512894246732289173595197254503404033277$

表3　$P=5$：一般 Mersenne 素数

e	$q=1+P+\cdots+P^e$	$\alpha=aq$ ：完全数
2	31	775
6	19531	305171875
10	12207031	119209287109375
12	305175781	74505805908203125

表4　$P=7$：一般 Mersenne 素数

e	$q=1+P+\cdots+P^e$	$\alpha=aq$：完全数
4	2801	6725201
12	16148168401	223511436608353935601

表5　$P=11$：一般 Mersenne 素数

e	$q=1+P+\cdots+P^e$	$\alpha=aq$：完全数
16	50544702849929377	Z
18	6115909044841454629	U

$$Z=232251544198878080950520379327\,3697$$

$$U=34003948586157739898684696499226975549$$

3. 究極の完全数でのメルセンヌ素数

P を底とする究極の完全数の定義は次の通り．

指数 e について，$a=P^e$ とおいて，平行移動のパラメタを m とするとき $q=\sigma(a)+m$ を素数と仮定する．したがって $\sigma(q)=q+1$ となる．

$\alpha=aq$ を平行移動 m の究極の完全数という．これの満たす方程式を次のように作る．$\mathrm{Maxp}(\alpha)$ を自然数 α の最大素因子とする．

$\sigma(\alpha)=\sigma(a)(q+1)$ を基に次のように式を変形する．

$A=\sigma(a)+m$ とおき，さらに $\overline{P}=P-1$，$W=P^{e+1}-1$ とおくとき，$q-m=\sigma(a)=\dfrac{W}{\overline{P}}$ になり，

$$\sigma(A)=q+1=\frac{W}{\overline{P}}+1+m=\frac{W+\overline{P}(1+m)}{\overline{P}}=\frac{P^{e+1}+P-2+m\overline{P}}{\overline{P}}.$$

$\sigma(a)=\dfrac{W}{\overline{P}}$，$W=\sigma(a)\overline{P}$ に注目して

$$\overline{P}\sigma(\alpha) = \overline{P}\sigma(a)q + \overline{P}\sigma(a) = Wq + W$$
$$= P^{e+1}q - q + W = P\alpha - q + W.$$

$q = \sigma(a) + m = \dfrac{W}{P} + m$ によって，$\overline{P}(q-m) = W$.

$P\alpha - q + W = P\alpha - q + \overline{P}(q-m) = P\alpha + q(P-2) + m\overline{P}$ によって，q を $\mathrm{Maxp}(\alpha)$ で置き換えると

$$\overline{P}\sigma(\alpha) = P\alpha + q(P-2) + m\overline{P}.$$

を得る．これが，平行移動 m の究極の完全数の定義式であり，これを満たす α を平行移動 m の究極の完全数という．

$m = 0$ なら単に究極の完全数という．

その上，$a = P^\varepsilon Q$ と素数 Q で書ける解を A 型の完全数という．

$P = 2$ のとき完全数が偶数なら A 型の解になることを Euler が 1747 年に証明した．

一般に，P が底のとき，究極の完全数であって A 型の解になるとき，Euler 型の完全数という．

Euler 型の完全数 $\alpha = P^\varepsilon Q$ において $a = P^\varepsilon$ はスーパー完全数であり Q は一般の Mersenne 素数になることが容易に確認できる．

実際，$m = 0$ として $\alpha = P^\varepsilon Q$（Q：素数）を定義式 $\overline{P}\sigma(\alpha) = P\alpha + q(P-2)$ に代入すると，$Q = q$ として $\overline{P}\sigma(\alpha) = \overline{P}\sigma(P^\varepsilon)(Q+1)$，$P\alpha + q(P-2) = P^{\varepsilon+1}Q + Q(P-2)$.

$N = P^{\varepsilon+1} - 1$ とおくとき $P\alpha + q(P-2) = (N+1)Q + Q(P-2)$.

$$\overline{P}\sigma(P^\varepsilon)(Q+1) = N(Q+1) = (N+1)Q + Q(P-2)$$

それゆえ $N = Q(P-1) = \overline{P}Q$.　$Q = N\overline{P} = 1 + P + \cdots + P^\varepsilon$ は一般 Mersenne 素数．

4. スーパー双子素数を探そう

$P = 3$, $m = -8$ で a がスーパー完全数のとき，スーパー双子素数がでてくる場合があった．同様のことが他の場合にいつ起きるか考えてみよう．

スーパー完全数の定義式 $A = \sigma(a) + m$, $\overline{P}\sigma(A) = aP + P - 2 + m\overline{P}$ において，素数解 p があり，そのパートナーが $A = \nu Q$, (ν, Q)：互いに素，と書けて，かつ (p, Q) がスーパー双子素数になるとする．

$A = \sigma(a) + m = p + 1 + m$ なので $p = A - 1 - m$ になって

$$\overline{P}\sigma(A) = aP + P - 2 + m\overline{P}$$

に代入すると，$(a = p$ に注意$)$

$$\overline{P}\sigma(A) = (A - 1 - m)P + P - 2 + m\overline{P} = AP - m - 2.$$

$A = \nu Q$ を代入して

$$\overline{P}\sigma(\nu)\sigma(Q) = P\nu Q - m - 2.$$

これより $m + 2 = P\nu Q - \overline{P}\sigma(\nu)\sigma(Q)$.

Q を素数と仮定したので，$\sigma(Q) = Q + 1$.

$$m + 2 = P\nu Q - \overline{P}\sigma(\nu)\sigma(Q)$$
$$= P\nu Q - \overline{P}\sigma(\nu)(Q + 1)$$
$$= (P\nu - \sigma(\nu)\overline{P})Q - \sigma(\nu)\overline{P}$$

Q はいろいろ変化するので，その係数は 0.

すなわち，$P\nu - \sigma(\nu)\overline{P} = 0$．そして，

$$m + 2 = (P\nu - \sigma(\nu)\overline{P})Q - \sigma(\nu)\overline{P} = -\sigma(\nu)\overline{P}.$$

ゆえに

$$m + 2 = -\sigma(\nu)\overline{P}.$$

$p = A - 1 - m$ に $A = \nu Q$ を代入して $p = A - 1 - m = \nu Q - 1 - m.$

例 $P=3,\ \nu=2,\ A=2Q=\nu Q$ とすると $m+2=-\sigma(2)\overline{3}=$ -6. よって，$m=-8$.

（ここで $\overline{3}=3-1=2$. したがって $m+2=-6$）

そこで $P\nu-\sigma(\nu)\overline{P}=0$ の解を求める.

とりあえずパソコンで解を探そう.

$P=2$ なら ν は完全数. $m+2=-\sigma(\nu)\overline{P}=-2\nu$ により $m=-2-2\nu=-14,\ -58,\ \cdots$.

そして双子素数の式 $p=\nu Q-1-m=\nu Q+1+2\nu$ を得る.

$P>2$ なら $P-3,\ \nu=2$. $m+2=-\sigma(\nu)\overline{P}=-6$ により $m=-8$.

双子素数の式 $p=A-1-m=\nu Q-1-m=2Q+7$ ができた.

表6　P,ν パソコンでの解

P	ν	m
2	6	-14
2	28	-58
2	496	-994
2	8128	-16258
3	2	-8

この結果には失望させられた. $P=2$ なら完全数の数だけ，新しいスーパー双子素数があるのに $P>2$ とすると（$P=3,\ m=-8$）しかないという意外な結果であった. スーパー双子素数を探す旅を継続することを誓ってこの章を閉じる.

補題2 $P\nu-\sigma(\nu)\overline{P}=0$ の解は $P=3,\ \nu=2$ または $P=2$, $m=-2-2\nu,\ \nu$：完全数.

Proof（水谷氏による）

$\dfrac{\sigma(a)}{a}=\dfrac{b}{\varphi(b)}$，$b$：素数として証明する.

b: 素数により, $\quad \dfrac{b}{\varphi(b)} = \dfrac{b}{b-1}$. $\overline{b} = b-1$ とおくと,

$$\frac{\sigma(a)}{a} = \frac{b}{\overline{b}}$$

となりこの右辺は既約分数なので, 自然数 k があり $\sigma(a) = kb$, $a = k\overline{b}$ と書ける.

$$\sigma(a) = kb = k(1+\overline{b}) = k + k\overline{b} = a + k.$$

$a = k\overline{b}$ により k は a の約数である.

$k = a$ なら, $a = k\overline{b}$ によって $1 = \overline{b}$. したがって, $b = 2$, $\sigma(a) = 2a$. a は完全数.

$k \neq a$ なら, $\sigma(a) = a + k$ によって, a の約数は a, k. したがって, $k = 1$, a : 素数.

$a = k\overline{b} = \overline{b}$ によると, $b = a-1$ も素数. $a, b = a-1$ は隣り合う素数なので $a = 3$, $b = 2$.

（書泉での講義の常連受講者のひとりである）高島さんは計算が主体のわかりやすい証明を与えたが水谷さんのほうが数日早くできた.

　高島さんから証明を知らされた私は「証明できたのは良かったのですね. しかし水谷さんのほうが早かった」と言った. そこで高島氏さんは発奮して b が素数でない場合について詳しく研究した. その結果はきわめて興味深いものであった.

5. 古代エジプトの分数計算

1. 古代エジプトの数字

１,０００の位（カァ）は

蓮の花の根っこ付き。
１０,０００の位（ジェバァ）は

指一本。
１００,０００の位（ヘフェヌ）は

しっぽのついたままのカエル。
最後は１,０００,０００の位（ヘフ）の

ヘフ神さまです。

これらの数字を、古代エジプトの皆さまはひたすら重ねておりました。
１,０００,０００の単位までしか持たなかったので、古代エジプト人にとって一番大きな数は９,９９９,９９９です。
書いてみますと

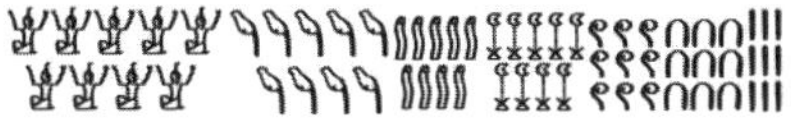

図 1：エジプト文字の数字（wiki から）

100 万を表す絵文字はあるがこれを用いても 9,9999,999 までしか表せない.
1000 万を超す数はエジプト数字では書けないのだ.

2. 古代エジプトの分数計算

古代エジプトでは自然数は 1000 万以下なら書くことができたし分数も扱った．分数の表記では 2/3 を例外として異なる分母の単位分数 $(1/n)$ の和という表記しかできない数字の体系である．

◆リンド・パピルスにある問題

7 斤のパンを 10 人で分け合うにはどうしたらよいか．

$\dfrac{7}{10}$ を表すには $\dfrac{1}{2}+\dfrac{1}{5}$ とすれば簡単な分母でできるが古代エジプト人は $\dfrac{2}{3}+\dfrac{1}{30}$ をもって正しい答としている．

図 2：古代エジプトの数の例（左は 52，右は 365）}

3. 最近の若者

パピルスで書かれた 4000 年以上昔の文献に

「最近の若者は数学の力がない．$\dfrac{2}{19}$ を分母の異なる単位分数の

和で書くことすらできない」

という嘆きが書かれていたそうだ.

数学の学力低下を嘆く大人がいるのは昔も今も変わらない. 現代の大学生に $\frac{2}{19}$ を分母の異なる単位分数の和で書いてください と頼んでも, すぐにはできないと思う.

そこで, 少しやさしくして $\frac{2}{7}$ でやって下さい, という質問を しよう.

現代の大学生なら「古代エジプト人には悪いけれど, x,y を使ってもいいなら解けると思う.」というに違いない.

そこで $\frac{2}{7} = \frac{1}{x} + \frac{1}{y}$ を満たす自然数 $x < y$ を求めることになる.

通分して $\frac{2}{7} = \frac{x+y}{xy}$ となるので, 安易に $2 = x+y,\ xy = 7$ とするとできない.

$\frac{2}{7}$ は既約分数だが $\frac{x+y}{xy}$ は既約分数ではないということに困難がある.

次の補題に注目.

補題1（既約分数の補題）

自然数 a,b,c,d があり $\frac{a}{b} = \frac{c}{d}$ とする. $\frac{a}{b}$ が既約ならこのとき $c = ak,\ d = bk$ を満たす整数 k がある.

Proof

$\frac{c}{d}$ が既約でないなら c,d の最大公約数 k で割り $c = c'k,\ d = d'k$ とおく. $\frac{c'}{d'}$ は既約で $\frac{a}{b}$ も既約なので分子と分

母が等しくなり $c'=a, d'=b$. よって, $c=ak, d=bk$ を満たす.

既約分数の補題によると $x+y=2k, xy=7k$ となる k がある.

$2xy=7*2k=7(x+y)$ ができるので, $y(2x-7)=7x$.

$y=\dfrac{7x}{2x-7}$ が整数なので, $2x-7=1$ とおいてみると, $x=4$. これができればしめたもので, $y=28$.

実際 $\dfrac{1}{4}+\dfrac{1}{28}$ を計算すると, $\dfrac{2}{7}$ になって結構うれしい.

そこで, $\dfrac{2}{19}$ について同じような計算をすると計算ミスをしそうで怖い.

そういうときは一般に奇素数 p について, $\dfrac{2}{p}$ で考えてみたい.

$\dfrac{2}{p}=\dfrac{x+y}{xy}$ とおくとき, $2xy=p(x+y)$ になるので, $y=\dfrac{px}{2x-p}$ が整数.

$2x-p=1$ とおいてみる. p は奇数なので, $p+1=2x$ を満たす, 整数 x があり, $y=px$ で x,y が求まる.

$p=19$ なら, $x=10, y=190$.

$\dfrac{1}{10}+\dfrac{1}{190}$ を計算すると $\dfrac{2}{19}$ になり正しいことが確認できる.

ここでは $2x-p=1$ とおいたところが大胆である. これを一般化してみたい.

$p=2x-1$ と書き直すと, これは除法の式である.

p を 2 で割ったら, 1 が不足で, 商が x と考える.

これを px で割ると, $\dfrac{1}{x}=\dfrac{2}{p}-\dfrac{1}{px}$. これより

$$\frac{2}{p} = \frac{1}{x} + \frac{1}{px}.$$

ここで $p+1$ は偶数なので $x = \dfrac{p+1}{2}$ とすればよい.

実際, $p = 19$ なら $x = 10$ となる.

3.1 分子が 2 の場合の計算

次の表は分数 $\dfrac{a}{b}$ を単位分数和 $\dfrac{1}{b_1} + \dfrac{1}{b_2} + \cdots + \dfrac{1}{b_s}$ $(b_1 < b_2 < \cdots < b_s)$ を単位分数の和で示すとき, 表記では便宜上 $[b_1, b_2, \cdots, b_s]$ と表示した. ここでは便宜上分数 $\dfrac{a}{b}$ を a/b と表記した.

2 / 3	2	[2, 6]
2 / 5	2	[3, 15]
2 / 7	2	[4, 28]
2 / 9	2	[5, 45]
2 / 11	2	[6, 66]
2 / 13	2	[7, 91]
2 / 15	2	[8, 120]
2 / 17	2	[9, 153]
2 / 19	2	[10, 190]
2 / 21	2	[11, 231]
2 / 23	2	[12, 276]
2 / 25	2	[13, 325]
2 / 27	2	[14, 378]
2 / 29	2	[15, 435]

まとめると $\dfrac{2}{b} = \dfrac{1}{x} + \dfrac{1}{y}$, 自然数 $x < y$ ができる.

$\dfrac{2}{b}$ は既約としてよいから b は奇数 $2m-1$ となる.

$2xy = b(x+y)$ より $y = \dfrac{bx}{2x-b}$ なので, これより試みに

$2x - b = 1$ とおくとき $x = \dfrac{b+1}{2} = m,\ y = bx = mb = m(2m-1)$.

これより，分数式の恒等式

$$\frac{2}{2m-1} = \frac{1}{m} + \frac{1}{m(2m-1)}$$

ができる．

3.2 一般の分数 $\frac{a}{b}$ の場合

与えられた分数 $\frac{a}{b}$ に対し，適当な単位分数 $\frac{1}{x}$ を探して，適当な分数 α を用いて次のように表す．

$$\frac{a}{b} = \frac{1}{x} + \alpha.$$

bx を掛けると，

$$ax = b + bx\alpha.$$

$\beta = bx\alpha$ とおくときこれは自然数．

$$ax = b + \beta.$$

$b = ax - \beta$ と書き直すと，β は自然数であり，b を a で割った不足が β となる割り算と理解する．よって $\beta < a$.

ここでは余りのある割り算と同じく，不足 β は a より小さい．

そこで $ax = b + \beta$ を bx で割ると，$\frac{a}{b} = \frac{1}{x} + \frac{\beta}{bx}$.

分数 $\frac{\beta}{bx}$ の分子 β は $\frac{a}{b}$ の分子 a より小さいからこれを繰り返せば分子が 1 になるであろう．

3.3 今一度割り算をする

改めて，整理してみよう．分数 $\frac{a}{b}$ に対して，a を b で割りその商を Q，余りを r とおく．

$$a = bQ + r$$

$\frac{a}{b}-Q=\frac{r}{b}$ となり単に整数部分を取り出しただけのことである.

分数 $\frac{a}{b}$ に対して,a と b に対して不足のある割り残で a を b で割り商を Q, 不足を ρ とおく.

$$a = bQ - \rho, \quad \rho < b$$

$\frac{a}{b}=Q+\frac{b}{\rho}$ となり単に整数部分を取り出しただけのことである.

分数 $\frac{a}{b}$ に対して,a と b に対して不足のある割り算で a を b で割り商を Q, 不足を ρ とおく.

$$a = bQ - \rho, \quad \rho < b$$

$\frac{a}{b}=Q-\frac{\rho}{b}$. これでは何にもならない. そこで分母, 分子を交換して b を a で割り商を x, 不足を y とおく.

$b=ax-y$ ができるのでこれを bx で割る.

$$
\begin{aligned}
\frac{1}{x} &= \frac{b}{bx} \\
&= \frac{ax-y}{bx} \\
&= \frac{ax}{bx} - \frac{y}{bx} \\
&= \frac{a}{b} - \frac{y}{bx}.
\end{aligned}
$$

よって,

$$\frac{a}{b} = \frac{1}{x} + \frac{y}{bx}, \quad (y < a)$$

ができるのでこれを繰り返す.

以上の議論を命題としてまとめておく.

> **命題 1** 与えられた分数 $\dfrac{a}{b}$, $(a>1)$ において, b を a で不足を用いて割るときの商を x とおく.
>
> $\dfrac{a}{b} = \dfrac{1}{x} + \alpha$ の右辺の α の分子は a より小さい.

これを繰り返せば 1 より大きい分子を持つ分数は分母の異なる単位分数の和に表すことができるので次の定理ができる.

定理 1 分子が分母より小さい分数は分母の異なる単位分数の和に表すことができる.

この定理の証明では不足の割り算を用いている. この計算では分母が異常に大きくなる. これを強欲な計算法とよぶそうだ.

古代エジプト人は各種の巧みな計算をしてこの定理の成り立つことを知ったのであろう. しかし, 分母の異なる単位分数の和に表す方法はいろいろある.

- 単位分数の和に表すとき, その項数を最小にすること,

- 分母をなるべく小さくするにはどうしたら良いか.

- 項数を 3 (または 4) にできる分数はどんな分数か.

これらは今でも未解決な問題であるらしい. 現代数学の驚異的発展があっても古代のエジプト人が考えたであろう諸問題が解決されていない. 数学はかくも難しく奥の深いものなのだ.

3.4 分子が 3 の場合

分子が 3 の場合は案外難しい．（中央の数は，単位分数の項数）

3/4	2	[2,4]
3/5	2	[2,10]
3/7	3	[3,11,231]
3/8	2	[3,24]
3/10	2	[4,20]
3/11	2	[4,44]
3/13	3	[5,33,2145]
3/14	2	[5,70]
3/16	2	[6,48]
3/17	2	[6,102]
3/19	3	[7,67,8911]
3/20	2	[7,140]
3/22	2	[8,88]
3/23	2	[8,184]
3/25	3	[9,113,25425]
3/26	2	[9,234]
3/28	2	[10,140]
3/29	2	[10,290]

以上の結果はプログラムを書いてパソコンで実行してえたものである．

たとえば 2/19 を単位分数の和にかけたとしても 3/19 について異なる分母を用いた単位分数の和に書くのはかなり難しい．適当に計算してみるだけではうまくいかないと思う．

分母が 25 でも次の例があるように計算は大変である．

$$\frac{3}{25} = \frac{1}{9} + \frac{1}{113} + \frac{1}{25425}$$

工夫すれば単位分数の個数は増えても分母の小さい表示が可能な場合もある．

3.5 分子が 4 の場合

4/5	3	$[2,420]$
4/7	2	$[2,14]$
4/9	2	$[3,9]$
4/11	2	$[3,33]$
4/13	3	$[4,18,468]$
4/15	2	$[4,60]$
4/17	4	$[5,29,1233,3039345]$
4/19	2	$[5,95]$
4/21	2	$[6,42]$
4/23	2	$[6,138]$
4/25	4	$[7,59,5163,53307975]$
4/27	2	$[7,189]$
4/29	3	$[8,78,9048]$
4/39	2	$[10,390]$
4/41	4	$[11,151,34051,2318907151]$

ここにおいて 4/41 に対して

$$\frac{4}{41} = \frac{1}{11} + \frac{1}{151} + \frac{1}{34501} + \frac{1}{2318907151}$$

となるが，2318907151 は 23 億以上の数になりエジプト数字で書ける数の範囲（9999999 = 1000 万 − 1 以下）を大きく超えるので，エジプト人の考えうる数を超えている．

　しかし水谷一さんは分母の小さい展開があると著者に知らせてくれた．

$$\frac{4}{41} = \frac{1}{123} + \frac{1}{164} + \frac{1}{12}$$

確かめてみよう．

　強欲算法で単位分数の分母が大きくなる場合も工夫して分母の小さい展開をしよう．

6. シュメール人と循環小数

1. 1割る7の秘密

　子供の頃，円周率の計算に人々が苦労した話を聞いて円周率の分数表示 $\frac{22}{7}$ の計算を力の続く限り計算した．途中で同じ6個の数字142857の繰り返しになっているのが不思議だった．しかも教科書にある円周率の値とも3.14までしか合っていない．なんだこれは変だと思った．

$$\frac{22}{7} = 3.142857142857142857142857142857142857142857142857 \cdots$$

高校生になってラーデマッヘルとテプリッツの共著『数と図形』を読んで，素数 $p\,(p>5)$ の逆数 $\frac{1}{p}$ の循環節の長さが偶数なら循環節を半分に分けて足すと9が並ぶという性質を知り興味深く思った．実際，142857を142と857に分けて足すと，142 ＋ 857 ＝ 999 となる．

　あるとき足立区立の中学校で放課後の活動として「数学を何かやってください」と頼まれたので，分母が素数になる分数の循環節の計算と節の長さが偶数なら循環節を半分に分けて足すと

いう課題を出した.

これは大うけして，小学生高学年を含む 60 人ほどの生徒は熱狂して計算を続けた．いくつかの班に分けて班ごとに競って計算し何かわかったら互いに報告しあうことにしたのも成功の一因であったろう．付き添いの先生方も関心が出てきて，自分たちもしたいと言って来たので先生にも参加してもらった.

ある先生は最初からうまく行かずとても困っていた．どうしたのですか？ときくと，生徒たちは分母が 13, 17, 19, 23 などの場合を計算していたので，少し大き目の分母として 37 をとって計算したところ

$$\frac{1}{37} = 0.027027027 \cdots, \quad \frac{5}{37} = 0.135135135 \cdots$$

となって半分に分けて足すことができず 9 が出ることはないという.

$\frac{1}{37}$ の循環節は 027 で長さは 3 なので，分割して足すわけにはいかないがそのまま足せば $0 + 2 + 7 = 9$ となりやはり 9 が出る.

$\frac{3}{37}$ の循環節は 891 で長さは 3．そのまま足せば $8+9+1 = 18 = 2 \times 9$ で 9 が出てきたので辛うじて面目を保つことができた.

また $\frac{1}{31} = 0.0322580645161290322580645161290 \cdots$ になった先生も困っておられた.

この場合は循環節の長さが奇数なので，やらなくていいです，と言って引き取って貰った．今なら，3 等分して足せばいいでしょう．と言うであろう.

2. 5 進法

　現役の教授の頃，数学科の新入生対象の数学基礎ゼミを毎年担当していた．この制度は私が数学科主任のとき提案して実現したものである．

　数学基礎ゼミは前期だけなので，時間が十分取れない．したがってやりがいのあるテキストを選ぶ必要がある．実験的試みとして高木貞治『解析概論』の第1章をテキストにしてみたところこれは非常に好評で結局20年に亘って『解析概論』のゼミばかりしていた．

　ゼミを実施するときは7, 8人の学生を3または4の班に分け各班には半ページ程度ずつ割り振った．そして班でまとまってよく予習し準備することを求めた．

　学生には，『解析概論』を高校生に説明するつもりで発表してほしい，などと言っておいた．

　『解析概論』は第1章の最初で整数と有理数を扱うので，分母が素数の場合の分数から循環節を計算で取り出すことをしてもらった．

　循環節の長さが2の倍数の場合は2つに分けて足すと9が並ぶ．1/17, 1/19, 1/23などでは計算が大変だが苦労して計算ができると結果が美しい．

　循環節の長さが3の倍数の場合は3つに分けて足すとうまく行くことは，ゼミの学生の発見である．証明は私がつけたが，学生の貢献は偉大である．

　例をあげよう．

　1/7の循環節142857は6個の数字からなるので2個ずつの3組14, 28, 57に分けて足すと，14＋28＋57＝99となる．

　大学生には小学生のできる計算だけでは物足らないらしいの

で，通常のような 10 進展開ではなく 5 進法展開などもしてもら
った．

$\frac{1}{7}$ を 5 進法展開通常のように立式で計算するのは簡単ではな
い．なれるまでは大変である．

$\frac{1}{7}$ を 5 進法展開するとその循環節は $[0, 3, 2, 4, 1, 2]$（分か
りやすくするため，大括弧でくくる表示法，いわゆるリストの
形で表した）．

032412 を 2 つに分けると 032 と 412．これを加えると
$032 + 412 = 444$.

3 つに分けると 03, 24, 12．これを加えると $03 + 24 + 12 = 44$.
（ここでは 5 進法での足し算）

3. 60 進法

話は急に飛んで小学校時代に戻る．算数の時間で分度器を習
った．半円を 180 等分し，180 度まで目盛りがあった．なぜ 180
度なのか不思議かつ，かつ不可解に思った．しかし先生に質問
して困らすようなことはしなかった．

小学生のときは，授業中に先生からよくきかれた．たとえば
「おい飯高，ソ連の書記長は何ていったっけ」「ブルガーニンで
す」．そして先生は「この度ソ連の新しい書記長が決まった．ブ
ルガーリンだ」とみんなに紹介した．私は凍りついた．忘れがた
い思い出として残っている．

それから歳月がたち私も齢 60 を超えたころ，古代バビロニア
では 1 年を 360 日とし，その結果円を 360 に等分した．そして

ここから 60 進法が生まれ 60 分が 1 時間，60 秒が 1 分になった
ことを知った．

　分度器にあった不可解な 180 度が人類の歴史とともにあるこ
とを知り，長生きはするものだと感じ入ったものである．

4.『シュメール人の数学』

　$\frac{1}{7}$ を 60 進法展開するとその循環節は [8, 34, 17] になる．

　実はこのような計算を古代シュメール人（古代バビロニア時
代でも最古に属する人々）が行っていたとする説がある（室井和
男，シュメール人の数学，共立出版，2017）．

　古代バビロニア時代の標準的な逆数表は，分母が，2, 3, 4,
5, 6 で構成されたものに限っているのが通例だがシュメール由
来の逆数表において 42 の逆数は求まらない，と書かれているの
だという．

　$\frac{1}{42}$ の 60 進展開は次のとおり．

　　　　　0. 1 25 42 51 25 42 51 25 42 51 以後繰り返し

$\frac{1}{7}$ の 60 進展開は次のとおり．

　　　　　0. 8 34 17 以後繰り返し

　60 進法では分母が 2 からはじめて，3, 4, 5, 6 の場合は有限
の小数．分母が 7 となって初めて無限に循環する小数が出てく
る．無限に循環する数字列に出会った当時の人々は驚嘆しある
いは畏怖の念を 7 について持った．その思いが受け継がれてラ
ッキーセブンになったという．

　私は最初のうち，$\frac{1}{7}$ を 60 進法で立式で計算することがなかなかできなかった．

そこで繰り返し練習して 10 進法の場合と同様に 60 進法で立式計算することができるようになった．そして放送大学の学習センターで私のとっておきの芸としてこの計算をやってみせた．

　すると，計算をみていた人が，「60 進法の計算と言うけれど 10 進法で計算していますね」とつっこみを入れてきた．

　言われてみればその通りだが，「割り算では九九計算を使うのだが 10 進法の九九しか知らないから仕方がありません，」と答えておいた．実際古代バビロニア人も 60 未満では 10 進法計算だった．

4.1　60 進法での割り算

　きちんと横書きの式を書いて $\frac{1}{7}$ を 60 進法の小数で表す割り算は次のようになる．

$$1 \times 60 = 7 \times 8 + 4,$$
$$4 \times 60 = 240 = 7 \times 34 + 2$$
$$2 \times 60 = 120 = 7 \times 17 + 1$$

こうして分子に 1 が出たので循環する．

　循環節 [8, 34, 17] を足すと 8+34+17＝59．こうして，60−1＝59 が出る．普通の 10 進計算では 9 (＝10−1) が出たが 60 進法では 9 の代わりに 59 (＝60−1)．

　ついでに [8, 34, 17] をこのまま 60 進数としてみると

　$[8,34,17]_{/60} = 8*3600+34*60+17 = 30857 = 59 \times 523$

これも 59 の倍数になる．

　出てきたあまりは，4, 2, 1 でこれを加えると 7．これは分母

の 7 である.

　循環節 [8, 34, 17] は 3 個の数からなるが 3 は素数だから,半分に分けて足すことはできない.

　そこでこれらを足してみたところ

$$8+34+17 = 59$$

59 になった. 59−1 = 60 という関係がある.

ついでに単位分数でない場合も 60 進法での循環節を計算してみよう.

$\frac{2}{7}$ の循環節は [17, 8, 34].

これを加えると 17+8+34 = 59.

$\frac{3}{7}$ の循環節は [25, 42, 51].

これを加えると $25+42+51 = 118 = 59 \times 2$

$\frac{4}{7}$ の循環節は [34, 17, 8].

これを加えると 34+17+8 = 59,

$\frac{5}{7}$ の循環節は [42, 51, 25].

これを加えると 42+51+25 = 118 = 59×2

$\frac{6}{7}$ の循環節は [51, 25, 42].

これを加えると 51+25+42 = 59×2.

　分子が 1, 2, 4 なら [8, 34, 17] とその回転が 2 つ.

　分子が 3, 5, 6 なら [25, 42, 51] とその回転が 2 つ.

　シュメール人は除算のために単位分数の小数展開の表を作った. しかし真分数の場合の上記のような式の成立までは及ばなかったのではあるまいか.

4.2 g 進展開

60 を一般の $g > 1$ にして既約分数 $\dfrac{a}{b}$, $(a < b)$ を g 進展開してみよう.さらに g と b は互いに素とする.とくに長さが 3 の循環節とすると次のようになる.

- $ga = q_1 b + r_1$,分子 a を g 倍して,分子 b で割って商を q_1,余りを r_1 とする.

- $gr_1 = q_2 b + r_2$, r_1 を g 倍して,分子 b で割って商を q_2,余りを r_2 とする.

- $gr_2 = q_3 b + r_3$, r_2 を g 倍して,分子 b で割って商を q_3,余りを r_3 とする.

便宜上,$r_0 = a$ としておく.

長さが 3 の循環節を仮定すると,$(r_1 \neq r_0, r_2 \neq r_0)$ であって,$r_3 = r_0$ となり $[q_1, q_2, q_3]$ が長さ 3 の循環節である.

$R = r_0 + r_1 + r_2$, $Q = q_1 + q_2 + q_3$ とおき上の 3 式を加える.

$gR = Qb + R$ になり,$(g-1)R = Qb$.

ここで分母 b は素数と仮定すると素数 b は $g-1$ または R を割る.

1. $g-1 = sb$ なら $g \equiv 1 \bmod b$.長さが 1 になり矛盾.

2. $R = sb$ となる.$r_j < b$ なので $sb = R < 3b-1$.により $s < 3$ なので $s = 1, 2$.

ここで,$a = 1$,すなわち分数 $\dfrac{a}{b}$ は単位分数と仮定する.

$R = 1 + r_1 + r_2 < 1 + b + b - 1 = 2b$ なので $R = sb$ の s は 1.ゆえに,$(g-1)R = Qb$ を思い出すと $g-1 = Q$.

すなわち商をみな足すと，$g-1$ になる．これは面白い．

しかし分子 $a>1$ の場合なら $s=2$ の場合もあり，そのとき，$2(g-1)=Q.$

$$\langle q_1, q_2, a_3 \rangle_{/g} = q_1 g^2 + q_2 g + q_3$$

とおく．

- $g^3 a = g^2 q_1 b + g^2 r_1,$

- $g^2 r_1 = g q_2 b + g r_2,$

- $g r_2 = q_3 b + r_3,;$

すなわち上の段では g^2，中の段では g を掛け，下の段はそのままにして足すと見事に打ち消しあって，

$\tilde{Q} = \langle q_1, q_2, q_3 \rangle_{/g} = q_1 g^2 + q_2 g + q_3$ とおくと $g^3 a = b\tilde{Q} + a,\ (a = r_3)$ を得る．

$(g^3-1)a = b\tilde{Q}$ であり，素数 b は $(g-1)a$ を割ることはないので $g^2 + g + 1 = tb$ となり，$(g-1)at = \tilde{Q}.$

$a=1$ すなわち真分数なら，$(g-1)t = \tilde{Q}.$ $\tilde{Q}$ も $g-1$ の倍数である．

5. 2017 年の福岡でのセミナー

　広中先生の依頼を受けて 2017 年夏に福岡市で開催された中学生対象のセミナーで講師を務めた．

　そこでかって足立区で行った中学生のセミナーを思い出しながら分母が素数の分数の循環節を求め，半分に分けて足す，3 つ

に分けて足すなどいろいろしてみなさい.

と課題を出した. 100人近い中学生が楽しく数学を始めた. すごい熱気である. するとある女子学生が

「$\frac{1}{41}$ の循環節は $[0, 2, 4, 3, 9]$ になりました. 循環節の長さが5で素数ですから分けて足せません. どうするんですか.」

と質問してきた.

これは私にとって想定外の質問であった. どうしたらいいのだろう.

私はいささか狼狽しながらも,「とにかく足してごらん.」と答えた.

$0+2+4+3+9=18$ になったね. $18=9\times2$ なのでやはり9がでたね.

と切り替えしたらとても喜んでくれた.

そこで $\frac{1}{11}$ の60進法での循環節を求めたら $[5, 27, 16, 21, 49]$ であった.

これを加えると $5+27+16+21+49=118=59\times2$. ただし60進法での加法を行う.

そこで次の仮説を得た.

分母が素数 p の単位分数を g 進展開したとき循環節の長さが5の場合循環節を構成する数字を g 進法で加えたら $g-1$ の2倍になる.

循環節の長さが3の場合は循環の数の和 $g-1$ になることは証明できるのだが長さが5の場合は証明ができない.

6. 周期

　長さが 3 や 5 の循環節をもつ分数を組織的に求めよう．便宜上分母が素数 p の単位分数 $\dfrac{1}{p}$ に限って g 進展開の場合にその循環節の長さ t を求めることにする．

　整数論によれば

$$g^t \equiv 1 \bmod p$$

を満たし $0 < s < t$ なら $g^s \not\equiv 1 \bmod p$ を満たす t を法 p のときの g の周期という．これが g 進展開の場合の $\dfrac{1}{p}$ の循環節の長さなのである．

　このとき $g^t - 1$ は p で割れる．言い換えれば $g^t - 1$ を素因数分解するとその素因子に p が出てくる．

　例 $g = 10$, $t = 6$ とすると，$10^6 - 1 = 3^3 * 7 * 11 * 13 * 37$ なので，$p = 3, 7, 13, 11, 37$.

　そこで、各素因子 p について $g = 10$ のとき循環節の長さと同じになる周期 u を求める．

1．$p = 3$ なら周期 $u = 1$,

2．$p = 7, 13$ なら周期 $u = 6$,

3．$p = 37$ なら周期 $u = 3$,

4．$p = 11$ なら周期 $u = 2$,

5．$p = 3$ なら周期 $u = 1$.

　実際に 10 進展開の循環節を計算すると

$\dfrac{1}{13}$ の 10 進展開の循環節は $[0,\ 7,\ 6,\ 9,\ 2,\ 3]$.

$\dfrac{1}{37}$ の 10 進展開の循環節は $[0,\ 2,\ 7]$.

例 $g=10,\ t=5$ とすると, $10^5-1=3^2*41*271$ なので, $p=3,41,271$.

$\dfrac{1}{41}$ の 10 進展開の循環節は $[0,\ 2,\ 4,\ 3,\ 9]$.

そこでこれを加えると, $0+2+4+3+9=18=9\times2$

$\dfrac{1}{271}$ の 10 進展開の循環節は $[0,\ 0,\ 3,\ 6,\ 9]$.

そこでこれを加えると, $0+0+3+6+9=18=9\times2$

さてシュメールの数学に思いをはせて, $\dfrac{1}{p}$ を 60 進展開の循環節で長さが 3 のものを求めてみよう.

$60^3-1=7*59*523$ が素因数分解である. ここにラッキーセブンの 7 が登場する.

1. $p=59$ なら周期 $u=2$,

2. $p=7$ なら周期 $u=3$,

3. $p=523$ なら周期 $u=3$,

$\dfrac{1}{523}$ の 60 進展開の循環節は $[0,\ 6,\ 53]$. これを加えれば 59.

60 進法のシュメール人も $\dfrac{1}{523}$ の 60 進展開がごく簡単になることに気がつかなかったであろう.

$\dfrac{1}{p}$ を 60 進展開したときの循環節で長さが 5 のものを求めてみよう.

$60^5-1=11*59*1198151$ が素因数分解である.

$\dfrac{1}{11}$ の 60 進展開の循環節は $[5,\ 27,\ 16,\ 21,\ 49]$.

これを加えれば $118 = 59 \times 2$.

$\dfrac{1}{1198151}$ の 60 進展開の循環節は $[0,\ 0,\ 0,\ 10,\ 49]$

これを加えれば 59. したがって先の仮説に反例ができた. そのためには実に大きな分母 1198151 が必要になった.

7. 離心率と惑星ナイン

1. 楕円と離心率

楕円は高校数学の数学IIIで学習する．楕円には離心率という重要な概念があり，離心率が同じ2つの楕円は相似である．また2つの放物線はすべて相似である．これは $e=1$ の楕円は放物線になることが分かれば理解できるであろう．

楕円は2点 F', F からの距離の和 $PF'+PF$ が1定値 r となる図形として定義される．

大切な離心率は楕円の学習のおまけとして触れられているのが高校数学教科書での普通の書き方である．

極座標での楕円の定義式では

$$r = \frac{a}{1+e\cos\theta}$$

となり，離心率 e があらわに出てくるが教科書としては終わりの方で扱われている．

ところで，太陽と地球は万有引力の法則にしたがうとして微分方程式を作ると自然に極座標を用いた楕円の定義式が導かれる．

　私はこのことを知ってはいたが理解がはなはだ不十分だった．太陽を中心にし地球は楕円軌道を描くが太陽は 2 焦点 F', F の一方焦点 F に鎮座する．しかしもう一方の焦点 F' には何もない．という解説を読んだ．そして古希を過ぎた今になってようやくこのことを理解したことを大いに恥じとした．

　そこで疑問に思ったことは，「太陽を 1 焦点 F とするとき 2 焦点 F', F の距離は実際どのくらいか」ということである．

　簡単な計算の結果 2 焦点 F', F 間の距離は約 510 万キロであった．地球から，2 焦点 F', F の中点までの平均距離を天文単位というがこれが約 1 億 5000 万キロなので 2 焦点 F', F 間の距離はこの約 34 分の 1 である．

　高校で楕円の離心率を学習するとき，「太陽の周りを回る地球は楕円軌道を描くが焦点となる太陽のほかに別の焦点があり，両者は 510 万キロ離れている．しかし別の焦点を見ることはできない，なぜなら物理的実体がないからだ．」ということを知ると高校生は学問の深遠さに大きく心を揺さぶられるに違いない．

2. 楕円の定義と離心率

　2 点 $F'(-f, 0)$, $F(f, 0)$ から点 $P(x, y)$ までの距離の和が一定値 r（3 角形の条件から $r > 2f$）となるときの点の軌跡が楕円であり，そのときの離心率 e は $\dfrac{2f}{r}$ で定義される．

　この離心率の定義は明快である．高校教科書でもこのように最初から離心率を持ち出せば生徒にもよく理解できるに違いない．

定義から

$$PF' + PF = r$$

なので $PF' = r - PF$ を二乗すると

$$PF'^2 = r^2 - 2PF \cdot r + PF^2.$$

これより

$$PF'^2 - PF^2 = r^2 - 2PF \cdot r.$$

$PF'^2 = (x+f)^2 + y^2,\ PF^2 = (x-f)^2 + y^2$ なので，

$PF'^2 - PF^2 = 4fx$ により

$$4fx - r^2 = -2PF \cdot r.$$

これを二乗して

$$16f^2x^2 - 8fxr^2 + r^4 = 4PF^2 \cdot r^2.$$

$4PF^2 \cdot r^2 = 4(x^2 - 2fx + f^2 + y^2) \cdot r^2$ により

$$16f^2x^2 - 8fxr^2 + r^4 = (4x^2 - 8fx + 4f^2 + 4y^2) \cdot r^2,$$

を変形して

$$4(r^2 - 4f^2)x^2 + 4r^2y^2 = r^2(r^2 - 4f^2).$$

$r > 2f$ により $r^2(r^2 - 4f^2) > 0$ で割るとき

$$\frac{4x^2}{r^2} + \frac{4y^2}{r^2 - 4f^2} = 1.$$

$a^2 = \dfrac{r^2}{4},\ b^2 = \dfrac{r^2 - 4f^2}{4}$ によって正の数 a, b を導入すると $a \geqq b$

になり

$$\frac{x^2}{a^2} + \frac{y^2}{b^2} = 1.$$

定義により $a = \dfrac{r}{2},\ b = \dfrac{\sqrt{r^2 - 4f^2}}{2}$. これより $4b^2 = 4a^2 - 4f^2$.

ゆえに

$$f = \sqrt{a^2 - b^2}, \quad r = \frac{a}{2}.$$

これより, $e = \dfrac{2f}{r} = \dfrac{\sqrt{a^2-b^2}}{a}$. これが離心率の公式である.

$x^2 + \dfrac{a^2 y^2}{b^2} = a^2$ について,

$$a^2 = \frac{f^2}{e^2}, \quad \frac{b^2}{a^2} = \frac{a^2 - f^2}{a^2} = 1 - e^2$$

を用いて式変形すると,

$$x^2 + \frac{y^2}{1 - e^2} = \frac{f^2}{e^2}$$

をえる. この式から, 離心率が同じ楕円はみな相似であることがわかる.

3. 楕円とビリヤード

　周囲が楕円のビリヤード台があるとしよう. 焦点 F におかれた玉をキューでつくと玉は周囲の壁にぶつかり必ずもう1つの焦点 F' を通る.

　これは2焦点のもつ著しい性格である. これを次に証明する. 長軸, 短軸の上にない楕円上の点をとり $P(x_1, y_1)$ とおく.

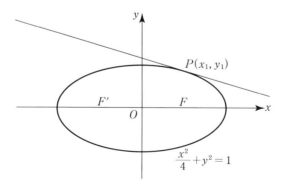

P から 2 焦点 F, F' までの距離 PF', PF を求めよう.

$$PF'^2 = (x_1+f)^2+y_1^2 = x_1^2+y_1^2+2x_1f+f^2.$$

P は楕円上の点なので

$$\frac{x_1^2}{a^2}+\frac{y_1^2}{b^2}=1$$

を満たす.

$$\frac{y_1^2}{b^2}=1-\frac{x_1^2}{a^2},$$

により $y_1^2 = b^2-\dfrac{b^2x_1^2}{a^2}$.

$$y_1^2+f^2 = a^2-\frac{b^2x_1^2}{a^2}.$$

$e = \dfrac{2f}{r} = \dfrac{f}{a}$ により $ea=f$.

$$x_1^2+y_1^2+2x_1f+f^2 = a^2+\frac{f^2x_1^2}{a^2}+2eax_1$$
$$= a^2+2eax_1+e^2x_1^2$$
$$= (a+ex_1)^2$$

これより $PF' = a+ex_1$. 同様にして $PF = a-ex_1$.

P での接線 L が x 軸と交わる点を $T(x', 0)$ とおく.

接線 L の方程式は

$$\frac{xx_1}{a^2}+\frac{yy_1}{b^2}=1$$

なので, $y=0$ とおいて x' を求める. $\dfrac{x'x_1}{a^2}=1$ により $x'=\dfrac{a^2}{x_1}$.

$TF' = \dfrac{a^2}{x_1}+f$, $TF = \dfrac{a^2}{x_1}-f$ なので

$$TF':TF = (a^2+fx_1):(a^2-fx_1) = (a+ex_1):(a-ex_1) = PF':PF.$$

F' から接線 L に垂線を引きその足を H', F から接線 L に垂線を引きその足を H とおくとき, $\triangle TH'F'$ と $\triangle THF$ は相似

なので $H'F' : HF = TF' : TF$.

よって,

$$H'F' : HF = TF' : TF = PF' : PF.$$

したがって直角3角形 $\triangle PH'F'$ と $\triangle PHF$ は相似．ゆえに

$$\angle H'PF' = \angle HPF$$

これは，F から P に至った玉は接線 L で跳ね返されて F' を通ることを意味する．

初等幾何を用いて解析幾何的計算をすることにより，この美しい結果が示された．

ところで，ビリヤード台の外周は長方形である．楕円がビリヤード台の外周となるものは数学者の妄想の産物らしい．

4. 放物線と焦点

$a>0$ に対して横置きの放物線の方程式を $y^2 = 4ax$ とするとき $F(a,0)$ が焦点，$x = -a$ が準線 H である．

焦点 F と準線 H から等距離にある点 $P(x,y)$ の集合が放物線になる．これが幾何学的な放物線の定義である．

これを確認しよう．

$P(x,y)$ と準線 $H : x = -a$ から等距離にある点 P までの距離は $x+a$.

$P(x,y)$ と焦点 $F(a,0)$ までの距離の二乗は $PF^2 = (x-a)^2 + y^2$ なので

$$(x+a)^2 = (x-a)^2 + y^2.$$

これより

$$x^2 + 2ax + a^2 = x^2 - 2ax + a^2 + y^2.$$

よって，放物線 $C : y^2 = 4ax$ をえる．

放物線 C 上の点 $P(x_1, y_1)$ $(x_1 > 0,\ y_1 > 0)$ から x 軸と平行な半直線 PQ をとる．

P での接線 L は $yy_1 = 2a(x + x_1)$ となる．

L と x 軸との交点を $T(x', 0)$ とおけば

$$0 = yy_1 = 2a(x' + x_1)$$

により $x' = -x_1.$ $TF = a - x' = a + x_1.$

ここで PF を計算する．$y_1^2 = 4ax_1$ に注意すると

$$\begin{aligned} PF^2 &= (x_1 - a)^2 + y_1^2 \\ &= (x_1 - a)^2 + 4ax_1 \\ &= (x_1 + a)^2. \end{aligned}$$

よって， $PF^2 = (x_1 + a)^2.$

$x_1 + a > 0$ によって， $PF = x_1 + a.$

$TF = a = x' = a + x_1$ によって $TF = PF.$

したがって $\triangle PTF$ は二等辺 3 角形．よって，角度が等しくなって $\angle T = \angle P.$

P を通り x 軸と平行な半直線 PR をとると， $TF \mathbin{/\!/} PR.$ TP 上の点 T' について

$$\angle RPT' = \angle FTP.$$

によって，

$$\angle TPF = \angle RPT'.$$

これより，QP を通る線は P において跳ね返されると，F を通ることがわかる．

5. 惑星の運動

図1：ケプラー1571-1630 ドイツの天文学者

諸惑星の持つ楕円としてのデータ

地球のとき $f = au * 0.017 = 15000 * 0.017 = 255,\ 2f = 510.$

au：天文単位，2焦点間の距離は 510 万キロ

a^3/T^2 が一定値（ここでは 1）になるというのがケプラーの第3
法則．次の表からわかるように準惑星まで入れてもほぼ1にな
り，その誤差千分の1以下である．

表 1：諸惑星の運動：距離は au（au = 天文単位，約 15000 万キロ）

name	a	e	f	b	T	a^3/T^2
惑星	長半径	離心率	焦点	短半径	公転周期	ケプラ3
水星	0.387	0.205	0.079335	0.378	0.241	0.997
金星	0.723	0.007	0.005061	0.722	0.615	0.999
地球	1	0.017	0.017	0.999	1	1
火星	1.524	0.093	0.141732	1.517	1.881	1.000
木星	5.202	0.0483	0.2512566	5.195	11.86	1.000
土星	9.5367	0.054	0.5149818	9.522	29.46	0.999
天王星	19.189	0.047	0.901883	19.167	84.01	1.000
海王星	30.07	0.001	0.03007	30.069	164.79	1.000
冥王星	39.48	0.249	9.83052	38.23	248	1.000
エリス	67.67	0.442	29.91014	60.70	557	0.998
マケマケ	45.8	0.159	7.2822	45.21	310	0.999
ハウメア	43.3	0.189	8.1837	42.52	285	0.999
ケレス	2.767	0.08	0.22136	2.758	4.6	1.001
セドナ	544.07	0.86	467.9002	277.63	12691	0.999
ナイン	700	0.6	420	560	15000	1.524

6. 準惑星

　冥王星は準惑星である．エリス，マケマケ，ハウメア，セドナは近年発見された太陽系外縁天体で準惑星に属する．

　ケレスは火星と木星の間にある最大の小惑星，準惑星に分類されている．

　ナインは存在が予言された未知の第 9 惑星，誰も見た人はいない．ハワイにある日本の望遠鏡すばるにより発見することが試みられている．姿は見えなくても離心率は推定されている．

　Wikipedia によると，惑星ナインは，太陽系外縁に存在する

と提唱されている大型の天体である．軌道の大部分がエッジワ
ース・カイパーベルトの外側を周る太陽系外縁天体の一群を研
究する過程で，2014 年にその存在が提唱された．

あとがき

　2020年はコロナ禍のせいで，緊急事態発出が相次ぎ放送大学東京多摩学習センターの学生控え室もしばしば使えなくなり，年があけても困難が続いた．学生控え室の代わりに府中市立中央図書館の学習室を使って執筆活動することがふえた．

　放送大学の東京多摩学習センターの図書室には私の寄贈により「数学の研究をはじめよう」が全巻そろっている．府中市立中央図書館と都立多摩図書館にも全巻並べてある．寄贈するまでもなく図書館が自発的に購入してくれた結果である．これはとてもうれしい．

　実際，執筆途中で前作を調べる必要がよくあるので，図書館に自著があると大変便利である．

　ところで，数学教授の定年後のあり方として，数学の研究をひたすら続けるという過ごし方がある．数学は実験系の学問と違い1人でも研究はできる．しかし孤独な研究活動を継続することにはかなりの困難が伴う．

　努力して良い結果が出たら他人様に見せて意見を聞いてみたい．できたら褒めてもらいたい．などと思うものだ．その機会をどうしたら作れるだろうか．

　定年の教授は増える一方なのだから集まって研究発表会でもすればいいようなものだが簡単なことではない．

　私の場合は定年直後から高校生の研究指導をするという仕事があった．研究指導にあたっては自分でも研究していないと適切な助言をすることは難しい．そこで始めざるをえなかった完全数の研究が面白くなり，多くの時間を完全数にささげるようになった．

　いくつかの市民向けの講義でも，自分の研究発表をするようになりさらに一般市民の数学研究を支援し応援することもでき

るようになった．当初は全く考えていなかったこれらのことが相乗効果もあってうまくできたのである．

コロナ禍のため，部屋を借りて講義をすることができなくなったので，zoom による数学のセミナー（誰でも参加できる，無料）を週 2 回夜 8 時から 50 分程度行っている．そこに高校生が自発的に訪れ，自分たちの完全数の研究を発表することもある．高校の授業の中で課題研究の時間があり，そこで，「数学の研究をはじめよう」が使用されているのだそうだ．私としても励まされる話である．

かくて，孤独な作業ではなく多くの人と関われる楽しい数学研究の現場ができたのである．

現代数学社から雑誌連載の仕事を定年前にいただいたことも実にありがいことであった．

「2 年ほどを目処にやってほしい」との依頼に基づいて始めたのだが 8 年以上の長期連載になった．原稿提出が遅れないように努めている．

連載をまとめて単行本にした頃は，7 冊程度はできるだろうと思っていた．相当頑張れば 10 冊でるかもしれない．ユークリッドの原論を目標に 13 冊を目標としたいがこれは欲張り過ぎと言えよう．今回は 7 冊目の本である．感慨なしとしない．

50 代の終わり頃から睡眠が十分とれなくなった．コロナ禍の時代を生きるには眠りを第一にしないと研究は続けれないと思い，4，7，8 睡眠法を取り入れることにした．

1，2，3，4 と数えながら息を吸い，そこで息を止めて 11 まで数える．そこから息を吐いて 19 まで．これを繰り返す．

実際には息を吸いながら数を数えて素数 5 になったら息をとめて 11 になったら息をはく．素数 19 でいったん止めて，繰り返す．15 回も繰り返すと，正しく数えるのは難しくなる．するといつのまにか寝付くのである．

名付けて，素数 5, 11, 19 入眠法と言うことにした．眠るためには，運動も大切なので，朝 5 時前から歩き出してほぼ 1 時間たってから自宅に帰り、風呂場で残り湯を浴びることにした．やってみると案外継続できるものである．

　私は還暦の前後に体力の低下を自覚したのでそれを打破するためウォーキングの大会に毎年参加し毎回 30 キロ歩くことにした．17 年休み無く続けたがコロナによって 2 年にわたり開催されなかった．そこで毎朝 1 時間歩くことにして体力を保ちたいと思っている．体力さえあれば知力はついて来る．シリーズ 8 作目もできるだろうと思っている．

　　　　2021 年 6 月 26 日
　　　　府中市立中央図書館 5 階学習室において

　　　　　　　　　　　　　　飯高　茂

参考文献

[1] 高木貞治，初等整数論講義第 2 版，共立出版社，1971.

[2] C.F.Gauss (カール・フリードリヒ ガウス)，ガウス整数論 (数学史叢書)(高瀬正仁訳)，共立出版社，1995.

[3] 飯高茂，(雑誌連載) 数学の研究をはじめよう，現代数学社，2013〜.

[4] 飯高茂，『数学の研究をはじめよう (Ⅰ)，(Ⅱ)』，現代数学社，2016.

[5] 飯高茂，『数学の研究をはじめよう (Ⅲ)，(Ⅳ)』，現代数学社，2017.

[6] 飯高茂，『数学の研究をはじめよう (Ⅴ)』，現代数学社，2018.

[7] 飯高茂，『数学の研究をはじめよう (Ⅵ)』，現代数学社，2020.

[8] 飯高茂，オイラー関数と完全数の新しい展開，日本数学教育学会 高専・大学部会誌 第 22 号 2016. 3.

[9] 飯高茂，完全数の水平展開，日本数学教育学会 高専・大学部会誌 第 23 号 2017. 3.

[10] 飯高茂，スーパー完全数の新展，日本数学教育学会 高専・大学部会誌 第 24 号 2018. 3.

[11] 飯高茂，梶田光，乗数付きオイラー型完全数 (小学生の発見した定理)，日本数学教育学会 高専・大学部会誌 第 26 号 2020. 3.

[12] D.Suryanarayana, Super Perfect Numbers. Elem. Math. 24, 16-17, 1969.

[13] Antal Bege and Kinga Fogarasi, Generalized perfect numbers, Acta Univ. Sapientiae, Mathematica, 1, 1 (2009) 73-82.

[14] Farideh Firoozbakht and Maximilian F.Hasler, Variations on

Euclid's formula for perfect numbers, J.of integer sequences, vol.13 (2010) article 10.3.1

[15] Paulo Ribenboim, The story of boys who loved prime numbers, 翻訳吾郷孝視, 真庭久芳訳,「少年と素数の物語 II」, 共立出版, 2011.

[16] 中村滋, 素数物語：アイディアの饗宴 (岩波科学ライブラリー) 2019.

著者紹介：

飯高 茂 (いいたか・しげる)

1942 年千葉県生まれ，千葉市立登戸小学校，千葉市立第 5 中学校，千葉県立千葉第一高校を経る．

1961 年　東京大学教養学部理科 1 類入学
1963 年　東京大学理学部数学科進学
1965 年　東京大学理学部数学科卒業
1965 年　東京大学大学院数物系修士課程数学専攻入学
1967 年　同専攻修了
1967 年　東京大学理学部数学教室助手，専任講師，助教授を経る
1985 年　学習院大学理学部教授
2013 年　学習院大学名誉教授

その間 1971–72 米国プリンストン高等研究所 (I.A.S.) 研究員
理学博士 (学位論文名　代数多様体の D 次元について)
日本数学会理事，理事長 (学会長にあたる)，監事．日本数学教育学会理事，
日本学術会議 (数理科学分科会) 連携会員を歴任

数学の研究をはじめよう（VII）　完全数研究の最前線

2021 年 10 月 21 日　　初版第 1 刷発行

著　　者　　飯高　茂
イラスト　　飯高　順
発 行 者　　富田　淳
発 行 所　　株式会社　現代数学社

　　　　　　〒 606–8425 京都市左京区鹿ヶ谷西寺ノ前町 1
　　　　　　TEL 075 (751) 0727　FAX 075 (744) 0906
　　　　　　https://www.gensu.co.jp/

装　　幀　　中西真一（株式会社 CANVAS）

印刷・製本　　山代印刷株式会社

ISBN 978-4-7687-0568-1